别告诉我你懂军事

《深度军事》编委会◎编著

（冷兵器篇）

清华大学出版社
北京

内 容 简 介

本书采用问答的形式对冷兵器的相关知识进行讲解，书中精心收录了读者广为关注的百余个热门问题，涵盖冷兵器历史、冷兵器种类、冷兵器战争、冷兵器设计、冷兵器格斗、冷兵器使用等多个方面，每个问题都进行了专业、准确和细致的解答。为了帮助读者理解复杂的军事知识，并增强图书的趣味性和观赏性，书中还配有丰富而精美的示意图和鉴赏图以及生动有趣的小知识。

本书内容结构严谨，分析讲解透彻，图片精美丰富，适合广大军事爱好者阅读和收藏，也可以作为青少年的科普读物。

图书在版编目 (CIP) 数据

别告诉我你懂军事.冷兵器篇/《深度军事》编委会编著 . —北京：清华大学出版社，2019（2025.1重印）

（新军迷系列丛书）

ISBN 978-7-302-51569-2

Ⅰ.①别… Ⅱ.①深… Ⅲ.①冷兵器—图解 Ⅳ.① E92-64

中国版本图书馆 CIP 数据核字（2018）第 257177 号

责任编辑：李玉萍
封面设计：郑国强
责任校对：张彦彬
责任印制：宋　林

出版发行：清华大学出版社
　　网　　址：https://www.tup.com.cn，https://www.wqxuetang.com
　　地　　址：北京清华大学学研大厦 A 座　　　　邮　　编：100084
　　社 总 机：010-83470000　　　　　　　　　　邮　　购：010-62786544
　　投稿与读者服务：010-62776969，c-service@tup.tsinghua.edu.cn
　　质 量 反 馈：010-62772015，zhiliang@tup.tsinghua.edu.cn
印 装 者：小森印刷（北京）有限公司
经　　销：全国新华书店
开　　本：146mm×210mm　　　　印　　张：8.75　　字　　数：224 千字
版　　次：2019 年 1 月第 1 版　　　　印　　次：2025 年 1 月第 9 次印刷
定　　价：45.00 元

产品编号：079111-01

前 言

　　冷兵器一般是指不利用火药、炸药等热能打击系列、热动力机械系列和现代技术杀伤手段，在战斗中直接杀伤敌人、保护自己的武器装备。广义的冷兵器则指冷兵器时代所有的作战装备。

　　最初的冷兵器，其实就是远古人类手中用来捕食狩猎用的工具。随着人类文明的不断发展，各式各样的冷兵器更是层出不穷，仅仅在中国传统说法中就有着"十八般兵器"的存在。每种冷兵器还可以根据其外形、大小、用途等细分为若干不同系列。在不同地区，由于民族、体质等方面的差异，所发展出来的冷兵器在外形、用法上也存在很大区别。随着战争及生产水平的发展，冷兵器经历了由低级到高级，由单一到多样，由庞杂到统一的发展完善过程。火器时代开始后，冷兵器已不是作战的主要兵器，但因其具有特殊作用，故一直沿用至今。在现代军队或执法单位中，冷兵器依然在某些特定的环境中发挥着非同一般的作用。

　　从冷兵器到热兵器，作战形式发生了巨大的变化。对于普通人来说，冷兵器是常见而神秘的军事装备，很少有机会能接触真正的军用刀剑，但这并不能阻止许多人对冷兵器产生浓厚的兴趣。冷兵器能完胜热兵器吗？冷兵器时代，兵种与武器哪个更重要？匕首能成为现代战争中士兵标配武器的原因是什么？弓弩在特种作战中能发挥哪些功用？冷兵器战争与近代战争，哪个时代的伤亡率更高？许多人都曾有过这样一些疑惑，却无从获得解答。

　　针对这种情况，本书特意采用问答的形式对冷兵器的相关知识进行讲解，书中精心收录了读者广为关注的百余个热门问题，涵盖冷兵器历史、冷兵器种类、冷兵器战争、冷兵器设计、冷兵器格斗、冷兵器使用等多个方面，对每个问题都进行了专业、准确和细致的解答。为了帮助读者理解复杂的军事知识，并增强图书的趣味性和观赏性，书中还配有丰富而精美的示意图和鉴赏图以及生动有趣的小知识。

本书是真正面向军事爱好者的基础图书，特别适合作为广大军事爱好者的参考资料和青少年朋友的入门读物。全书由资深军事团队编写，力求内容的全面性、趣味性和观赏性。

本书由《深度军事》编委会创作，参与本书编写的人员有阳晓瑜、陈利华、高丽秋、龚川、何海涛、贺强、胡姝婷、黄启华、黎安芝、黎琪、黎绍文、卢刚、罗于华等。对于广大资深军事爱好者，以及有意了解国防军事知识的青少年，本书不失为最有价值的科普读物。希望读者朋友们能够通过阅读本书循序渐进地提高自己的军事素养。

目 录

Part 01

冷兵器理论篇

在战争工具的发展史上，冷兵器属于较早期、简易的一段。在火器没有大规模被使用之前，冷兵器一直是战场上被广泛使用的兵器。

现代战场上，虽然已经是枪炮的天下，但是，冷兵器凭着不可替代的独特优势，又开始走进人们的视线，它们才是真正的老兵。是人类骨子里对铁和血的渴望，打垮敌人是每个人的梦想。每个人心里都有对冷兵器的渴望。曾经饱饮鲜血的冷兵器如今依旧在熟悉的战场上发挥着贡献。

NO.1 什么是冷兵器?

　　狭义上的冷兵器与火器相对，是指不带有火药、炸药或其他燃烧物，在战斗中直接杀伤敌人的武器装备。冷兵器主要用于近战和白刃格斗，部分也可作远距离抛射。冷兵器最初由木、石、骨等原始材料制成。随着科技的发展，铜、铁等金属逐渐成为冷兵器的主要原料。

　　在战争工具的发展史上，冷兵器属于较早期、简易的一段。其与火药发明以后，使用化学能的火器或热兵器相比，有非常大的差异。冷兵器构造一般较火器简单，可通过人力和机械的力量来操作。在火器没有大规模被使用之前，冷兵器一直是战场上广泛被使用的兵器。

　　广义上的冷兵器是指冷兵器时代所有的作战装备。除了狭义的冷兵器外，它还包括防护装具和攻守城器械等。防护装具主要用来保护身体，以避免被敌人杀伤。攻守城器械则与冷兵器时代的战争形式密不可分，古代攻守城池

表现冷兵器战争的油画

的战斗在东、西方都很常见，由此催生的攻城和守城工具层出不穷。此外，一些驮兽工具如战车、马车、辔、镫、鞍以及城郭、护城河等防御工事，虽然不是"兵器"，但实际上应用于作战，因此也属于冷兵器时代的战争工具。

冷兵器时代欧洲使用的抛石机

士兵正在使用现代弩

冷兵器时代的战争，军队人数的多寡，作战兵器的优劣，都对战争的结果起着决定性作用。在双方人数悬殊的时候，往往战役的结果也不会出人意料，"以少胜多"毕竟只是少数。而在双方势均力敌的时候，要想制造战争奇迹，就必须寻找冷兵器以外的其他战争手段。如三国时期的官渡之战、赤壁之战和彝陵之战等，都是以奇制胜。三战皆用火攻，虽然不是热兵器时代，但却巧妙运用火的威力，取得大胜。

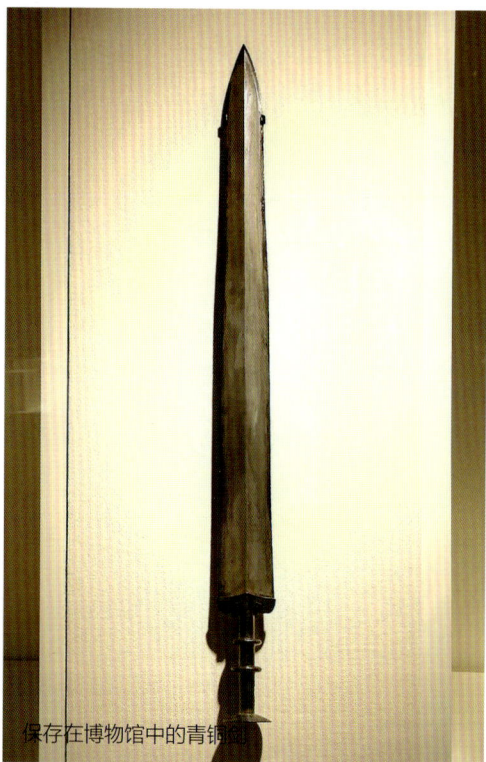

保存在博物馆中的青铜剑

NO.2　冷兵器经历了哪些历史变革?

冷兵器出现于人类社会发展的早期，由耕作、狩猎等劳动工具演变而来，随着战争及生产水平的发展，经历了由低级到高级，由单一到多样，由庞杂到统一的发展完善过程。世界各国、各地冷兵器的发展过程各有特点，但基本可归结为石兵器时代、铜兵器时代、铁兵器时代、冷热兵器并用时代。其中石兵器时代延续的时间最长。火器时代开始后，冷兵器已不是作战的主要兵器，但因具有特殊作用，故一直沿用至今。

石兵器时代

石兵器时代从原始人学会制作劳动工具——石斧、石刀等开始，到夏朝青铜兵器问世以前，大约历经 50 ～ 60 万年之久。从出土的石兵器判断，中国最古老的兵器是古代猿人采集燧石、角岩等原料，经过敲打、磨制而成的，有扁、圆、方等各种不规则的形状。人类的祖先依靠这些既是劳动工具又是防卫武器的器具，围兽捕猎、刀耕火种，顽强地生存并得以进化发展。到旧石器时代末期，人们已能制造出石矛、标枪、石斧等兵器，进而发明了抛射兵器——弓箭。

象征石器时代的油画作品

新石器时代制造的工具

　　新石器时代，石兵器的制造技术已有很大进步，种类日渐增多。中国考古工作者曾在浙江省发掘出土了一批石兵器，有石斧、石铲、石锄、石镰和石戈等。这些石兵器多采用硅质石灰岩、千层岩等石料，经过精心敲打、琢磨、钻凿而成。从这些石器中已能初步划分出打击型兵器（如锤、斧）和切砍型兵器（如刀、镰、戈）等。当时较为先进的石兵器有石戈、石刀、石矛等，它们为后来冷兵器的发展奠定了根基。与此同时，人们还借用兽骨、蚌壳、竹木等材料制作兵器。

　　在原始社会，石兵器本身也是劳动工具。那时人与人之间以血缘关系为纽带，结成一个个部落。为了争夺有限的生存资源或掠夺婚姻，部落与部落之间常常发生械斗，甚至爆发较大规模的战争。出于战争的需要，人们手中的劳动工具越来越多地演变为兵器，促使兵器走出原始状态，与劳动工具分道扬镳。进入阶级社会之后，战争具有了阶级斗争的性质。这些具有独特形制和专门作用的战斗器具才演变成真正意义上的兵器，它连同军队一并成为统治阶级的垄断工具。

铜兵器时代

　　在原始社会后期，中国就已经掌握了天然铜的冶炼技术及其器具的制造和使用方法，随后又掌握了青铜冶炼技术。夏代末期，以青铜为制造材料的第一代金属兵器登上了历史舞台，冷兵器正式从石兵器进入了铜兵器的时代。

古代的青铜，实际是红铜与银锡熔炼的合金。用它铸造的器物呈现青灰色或青绿色，所以称之为"青铜器"。

商代的生产力比夏代更有发展，特别是青铜手工业。奴隶主为了镇压奴隶的反抗和掠夺的需要，建立了规模更大的军队，需要更多的兵器，从而促进了兵器制造业的发展，提高了青铜兵器的制造技术水平。其中最明显的是青铜冶炼工艺的进步，当时已经由矿石混合冶炼铸造的初级阶段，发展到由铜与锡（或铅）冶炼的高级阶段，为制造较精良的兵器奠定了基础。商代制造的青铜兵器，已经出现格斗用的长杆戈、矛和战斧，远射用的弓箭，护身用的短柄刀剑，以及防护装具青铜胄、皮甲、盾等。同时发明了既具有较强攻击力，又具有防卫力的战车。其中，商代前期以制造适应步兵战斗需要的戈和盾为主，后期以制造战车和适应战车需要的长柄戈、矛、戟和弓箭为主。

周朝建立以后，由官员司空管理兵器制造之事。到了春秋时期，由于铜矿开采和冶铸业的兴盛，青铜兵器制造技术有新的突破，主要表现在三个方面：一是青铜制造工艺的配方有了科学的比例；二是青铜兵器已向最初的标准化与规范化发展；三是复合剑的创制。春秋时期诸侯征战，南方的吴越地区，其铸剑水平远远超过中原诸国，出现了许多传奇式的铸剑大师，如欧冶子和干将、莫邪夫妻，他们的铸剑故事一直流传至今。

铜兵器时代制造的手环

铁兵器时代

世界上最早制造铁器的是小亚细亚（今土耳其境内）的赫梯人，时间在公元前 1400 年左右。约在公元前 1000 年，古希腊和古罗马开始普遍使用铁制的工具和兵器。约在公元前 500 年，欧洲大陆开始普遍使用铁器。美洲及大洋洲则没有铁器时代，因为铁的运用是由欧洲人传入的。

中国最早的关于使用铁制工具的文字记载，是《左传》中的晋国铸铁鼎。在春秋时期，中国已经开始在农业、手工业生产上使用铁器。到了战国时期（前 475—前 221 年），中国冷兵器逐渐由铜兵器时代进入了铁兵器时代。当时正逢群雄争霸，各诸侯国之间的战争日趋频繁。为了适应战争的需要，各诸侯国都设立了专造兵器的作坊，使兵器制造的品种和数量大为增加，质量也有很大的提高。据说，战国时期有铜山 467 座，铁山 3690 座。人们逐渐掌握炼钢技术后，开始由制造少量的宝剑，发展到大量生产各种铁兵器，从此铁兵器逐渐取代了青铜兵器在战争中的地位。

铁兵器时代士兵装备的装甲

黑火药

冷热兵器并用时代

火器是中国古代火药兵器的简称。早在公元 1044 年以前，中国北宋军队已经装备有多种早期的火药兵器了。这标志着中国古代兵器的发展步入了新时代。

火药起源于中国古代的炼丹术，其三种主要成分都是炼丹术中常用的药物。将火药用于兵器制造并投入实战，在中国开始于唐代末年。公元 907 年，郑璠攻打豫章城（今江西南昌）时，曾利用"发机飞火"烧毁该城的龙沙门。这一战例一般被认为是火药兵器出现的最早战例。公元 975 年，北宋军队征讨南唐时曾使用过以弓弩发射的火箭和以炮（发石机）抛射的火炮，正是因为改用装有火药的弹丸来代替石头，"炮"字的偏旁才从"石"改为"火"。

北宋时人们已懂得在火药三种主要成分的基础上，为达到不同的军事目的而增减配方中的其他成分，制造出作用不同的火药兵器。整体而论，北宋时期虽已掌握了火药的生产技术，生产了性质不同的火药兵器，但仍属火器制造的初级阶段；现代枪械雏形的管形火器还没有出现。尽管如此，以火药用于兵器制造，实在是兵器发展史上划时代的里程碑，从此从冷兵器时代过渡为以火器和冷兵器并用的时代。火药兵器登上战争舞台，预示着将导致军事史上的一系列变革，终将使战争的面貌彻底改观。

NO.3　如何给冷兵器进行分类？

冷兵器的分类方式很多，按材质可分为石、骨、蚌、竹、木、皮革、青铜、钢铁等兵器；按作战方式可分为步战兵器、车战兵器、骑战兵器、水战兵器和攻守城器械等；按结构形制可分为短兵器、长兵器、抛射兵器（系古代系以绳索，抛放打击敌人后可以收回的兵器）。兵器、护体装具、战车、战船等；按用途可分为进攻性兵器、防护装具和攻守城器械。

进攻性兵器

进攻性兵器是冷兵器时代最基本也是最重要的作战工具，可以分为格斗兵器、护身兵器和远射兵器三大类。

格斗兵器也叫作长兵器，一般是在长柄上安装有锋利的刃，使之具有杀伤性。这类兵器是冷兵器时代最基本的攻击性兵器。与护身兵器相比，格斗兵器具有时效性好，可先发制人的优点。格斗兵器主要包括枪、矛、戈、戟和殳等。其中殳的形状像捣米用的杵，所以又有"杵"的称呼，在商朝末年已经是普遍使用的兵器了。孟子曾形容武王伐纣时的战况惨烈，竟然到了"血

西元 16 世纪至 17 世纪的欧洲盔甲

流漂杵"的地步。由此可知，商、周都曾大量使用"杵"作为兵器，这种又长又重的木质兵器，竟能漂浮在兵士们的鲜血中，足见死伤之惨重。殳后来逐渐发展成为各种形制的棍棒类兵器。

护身兵器也叫作短兵器，一般短柄，易于单手使用，主要用作护体防身。护身兵器主要有刀、剑和匕首等，这类兵器在现代军队中仍然占有一席之地。世界上大多数国家都为自己的陆军配备了刺刀，为伞兵配备了伞兵刀，并为三军仪仗队配备了指挥刀，而锋利无比、用途广泛的格斗刀、生存刀和丛林刀等，则是特种部队的挚爱。

远射兵器又叫作抛射兵器（Missile weapon），用来远距离的杀伤敌人。主要以弓、弩作为典型代表。

防护装具

冷兵器时代的防护装具主要用来保护身体，以避免被敌人杀伤。防护装具主要包括盔甲和盾牌两大类。

盔甲是冷兵器时代头部和躯干各部位防护装具的统称。其名称繁多，但基本上可分为护头的盔和护身的甲两部分。甲又可分为甲身、甲裙、甲袖和配件几部分。早期，人们用兽皮柳条、有垫衬材料的布套、木头等固定在躯干上用以防护兵器的攻击。随着生产技术的发展，逐步出现了皮盔甲、膝盔甲、铜铸盔甲，以及整块金属锤炼而成的板甲、金属编织的锁子甲等。

盾牌是一种手持的防卫兵器。开始用木、竹、皮革，后来用铜铁制造。

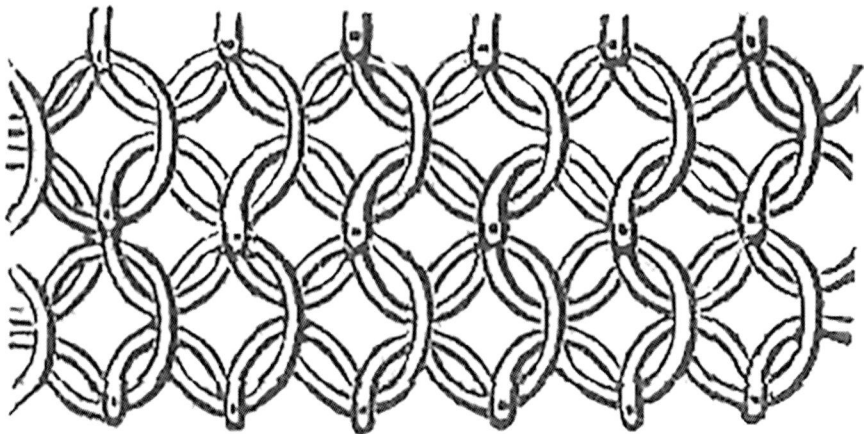

链甲的图示

形体多为长方形、圆形或梯形。表面涂有色彩及图案。背后有握持的把手，通常与刀、剑等兵器配合使用。古代东方、古希腊及古罗马诸国，曾广泛使用过盾牌。中国原始社会就有简单的盾牌，以后种类和形状越发完备，盾牌的名称、形状、尺寸也各有区别。随着火兵器的发展，盾牌逐渐被废弃。但在中非、南美及大洋洲诸岛的一些民族中，盾牌仍沿用至今。另外，经现代技术制造的防弹盾在各国执法机关中已普遍装备。

攻守城器械

城池自出现以来，一直是国家政治、经济、文化中心，人口密集，地位显要，是历代战争的必争之地，所以攻守城池的战斗在古代是主要战争形式之一。

中国古代的城是封闭式的堡垒，不仅有牢固、厚实、高大的城墙和严密的城门，而且城墙每隔一定距离还修筑有墩、台楼等设施，城墙外又设有城壕、护城河及各种障碍器材。可以说层层设防，森严壁垒，攻城与守城都是显示智谋和武力的硬战。古代用作攻城或守城的兵器包括云梯、冲撞车、刀车、床弩、抛石机等。

美国研制的战术长刀

保存在博物馆中的青铜矛

NO.4 冷兵器的冶炼技术有几种?

在冷兵器时代,兵器的质量直接取决于所用材料的优劣。石兵器时代以石为材,并没有太多的技术含量。而到了铜兵器时代以及之后的铁兵器时代,冷兵器的原材料变成了青铜、铁和钢,这就需要相应的技术支持了,其中最关键的还是冶炼技术。

青铜冶炼

青铜兵器的出现和发展是建立在冶金设备的发展和完善基础之上。先进的炼铜竖炉是青铜冶铸业兴起的基础之一。从已出土的春秋时期的炼铜竖炉来看,当时的竖炉由炉基、炉缸和炉身组成,在炉的前壁下部设有金门和出渣、出铜的孔洞,炉侧还设有鼓风口,整体结构已相当先进。

在冶炼青铜的过程中,人们还逐步发现了铜与锡、铜与铅配比的改变,能够使炼制出来的青铜属性发生变化。青铜熔点低,加进的锡越多,熔点越低。

同时随着加锡量的增多，硬度也随之增高，远远超过了红铜的硬度。但是加锡过多时，青铜反而变脆，容易断裂。后来，人们又发现在青铜中加入定量的铅，就能克服青铜较脆的弱点。通过反复的实践，到战国时期，人们已经总结出配制青铜的合金规律。

钢铁冶炼

由于青铜冶炼技术的炉火纯青，青铜兵器在春秋时期进入极盛时代。到了战国时代，由于冶铁技术的进步，社会经济制度的变革，社会上对于铁器需要量的增加，铁矿的开采，铁的冶炼和铸造成为关系国计民生的重要手工业，因此，冶铁业开始发展起来。

人类冶铁炼钢技术的发展都经过了熟铁（块铁）、生铁（铸铁）到钢的三个阶段。由于生铁的性能远高于熟铁，所以真正的铁兵器时代是从生铁诞生后开始的。

东汉时期，先进的"百炼钢"工艺出现了，这是中国古代最主要的炼钢技术。百炼钢肇始于西汉早期的块炼渗碳钢，其后不断增加锻打次数而成定

青铜矛

近代的平炉出钢

型的加工工艺。其特点是反复加热锻打，从而排除钢中的杂物，减少残留杂物的尺寸，从而使其成分趋于均匀，组织趋于致密，细化晶粒，改善钢的性能。到东汉、三国时期，百炼钢工艺已相当成熟。魏晋则是百炼钢的鼎盛时期。后来这一工艺一直被继承，并不断得到发展。

纯铜

商代的青铜戈

NO.5　怎样才算一把合格的求生刀？

　　求生刀是用于野外环境以生存为主要目的的刀，常使用于失去主要装备的紧急情况下。军方将求生刀发给飞行员，以应对飞机被击落后发生的各种危险。求生刀可以用作诱捕猎物、剥皮、木材切割、木雕等。一些求生刀具有厚重的刀刃，而另一些是较轻量或可折合的，可用作求生包的组件。有时候求生刀也可当作狩猎刀使用。诸如可以储备小物件的空心刀柄的功能在1980年开始变得流行。

二战期间，飞行员都配有一把求生刀，因为这些队员确实有可能性被击落在野外或敌阵之中。军舰上的救生艇也常常配备附有刀的求生包。这些刀在不同的任务、不同的国家有着各种不同的设计。当中大部分也是军方大批量购入的商业售卖刀。

部分军队也对枪械上的刺刀进行了重新设计，以包含一些求生刀的特点。从历史上来说，刺刀是一把功能不良的战场战斗刀，因为它的设计主要为了把步枪变成突刺武器，而不是一把战斗刀。新的款式更适合执行普遍的战斗任务，同时也适合附在枪管的前头

求生刀是为了求生而设计，例如设置陷阱、切割树枝、雕刻木头和将动物剥皮。大部分的求生刀也是直刀，刀刃长度由10厘米到20厘米，配有全厚的刀柄。一些求生刀有空心的刀柄，可以用作储存小装备。一些求生刀在盖子上有一个指南针。空心刀柄求生刀的强度会降低，在斩砍及破木时更容易损毁。

有一些求生刀甚至可以辅助木棒进行敲打以帮助破开木头。有锯齿状的求生刀刀脊，还在刀尖附有割绳器。对于完全平直，边沿成90度的锋利刀脊，可以和铈铁杆撞击来产生火花，用来生火。

如果刀尖有足够强度，那这把刀可用作防卫武器。一些刀柄带有小洞，可以用来把刀固定在长棒上，并当作矛使用，这个功能可以方便在安全距离进行捕猎。

现代求生刀及配件

使用方式可由使用者偏好而定，刀柄的物料也会有所不同。刀柄可以由橡胶、木、骨（角）、铝、塑胶，甚至金属制成。

美国独狼 40031-COMBO 求生刀

美军在越战期间研发的 SOG 求生刀

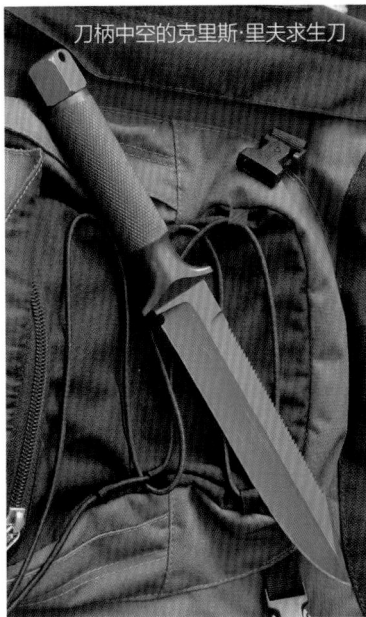

刀柄中空的克里斯·里夫求生刀

NO.6   世界盾牌经历了哪些演化？

在人类军事斗争的历史中，刀、剑、长矛等进攻性武器不断演化，发展出各种各样的类型。它们因为当地环境和使用者的特点，演变出了各种各样的形制。进攻性武器如此，防御性武器也是如此，而防御性武器的一个典型就是盾牌。盾牌在人类的战争历史中，为了适应不同的需求，也发展出了各种各样的形制，产生出很多不同的样式。

在制作盾牌的时候，根据技术水平和战术需求，往往要挑选不同的材料来制作盾牌。现在看，盾牌的材料主要有三大类：毛皮质、藤木质、铁质。最早的盾牌主要是以毛皮和藤木为材料进行制造。随着技术的发展，金属如青铜、钢铁也加入进来，成为新的盾牌材料。发展到现代社会，聚碳酸、PC材料，玻璃钢等材料也成为盾牌材料家族的新成员。

动物的毛皮可能是人类最早的盾牌材料。毛皮盾牌是将动物的皮毛（主要是牛皮）进行一些硬化和防腐处理，以木棍或者处理过的木材作为支架，张开毛皮，起到遮挡身体的作用。这样制成的盾牌往往十分轻便，有的甚至可以在非作战时将盾牌卷起来携带，祖鲁人的皮盾就是如此。

在毛皮以外加上藤、木材料，再搭配以漆、胶粘合而成的盾牌，是盾牌材料的第二个发展阶段。这个阶段可以说贯穿了目前人类文明史的大部分时期。从公元前13世纪的迈锡尼文明到清朝，都使用过这种材料所制成的盾牌。

与这一时期在一定程度上重叠的，是金属盾牌。早期的金属盾牌由青铜制成，比如著名的斯巴达重步兵所使用的，就是由青铜制成的大型圆盾，又称阿尔戈斯盾。

在钢铁技术成熟以后，钢铁盾牌也出现了。钢铁盾牌大多数制成小型圆盾，主要作为骑兵的护具使用。例如曾经横扫欧亚大陆的蒙古铁骑，就往往以铁质小型圆盾作为骑兵的护具，其防护效果甚至可以代替头盔。

士兵正在练习如何使用盾牌

现代警察使用的防爆盾

希波战争中的持盾牌的希腊士兵

公元三世纪的圆木盾

除此之外，在藤、木、毛皮所制成的盾牌上再增加金属部件，以强化防御能力也是一个重要的发展方向。除了早期较为落后的时代以外，盾牌很少是以单一材料制成的。

NO.7 现代军 / 警用盾牌主要有哪些作用？

现在，世界各地有许多警察机关及部队仍使用盾牌对抗武力攻击，这些现代的盾牌主要有两种不同用途。

防暴盾

防暴盾是现代防暴军警常用的防御器械。其具体构造包括盾板和托板。盾板多为外凸圆弧形或弧面长方形，托板通过连接件固定连接在盾板的背面，在托板上，设有扣带和握把。防暴盾的材质通常使用聚碳酸、PC 材料，玻璃钢等轻质材料。由合成物料制成的防暴盾通常为透明的，允许整个盾能被使用同时视线不会被阻挡。同样地，金属制防暴盾常拥有一个位于眼睛水平线上的小窗口。这种防暴盾牌普遍用于抵挡小型爆炸所产生的碎片、投掷物品、汽油弹，以及在近身攻击中提供保护。

　　警察使用的防暴盾一般是应对群体骚乱等低等级的冲突，能有效阻挡砖瓦、石块、棍棒玻璃瓶等物体打击和冲刺。特种警察使用的防暴盾一般还有防弹、防冲击波和防强光的功能。能够抵挡轻型武器在近距离的射击，对于近距离爆炸的手雷的冲击波和弹片也有一定的效用。在前进中，小队第一名队员往往手持防暴盾，以便给后面的队员提供掩护。

防弹盾

　　防弹盾是一种常用的警用装备，主要用作抵抗武装罪犯的枪械攻击。由于需要有防弹功能，通常以更高级的合成物料制成。它们通常由特种警察于高度危险的环境中使用。

士兵进行日常训练使用盾牌做掩护

士兵进行日常实战训练

　　新型的防弹盾牌是采用荷兰帝斯曼公司迪尼玛 UD 超强聚乙烯材料、美国杜邦公司凯芙拉芳纶材料等超强纤维材料及高强度阻燃玻璃钢采用特殊工艺压制而成。产品具有轻便灵活、综合防弹性能好、防弹级别高等显著特点，已经在全国范围大量配备。

现代特警使用的防弹盾

警察正在使用防弹盾

NO.8　冷兵器中的刀具生锈了该怎么办？

　　刀具防锈从古到今一直都是需要费劲去做的事。一般来说，在刀具不常用的时候往往选择上一层刀油，然后妥善放在干燥的地方。其原理是通过涂上刀油来隔绝空气，保证刀刃不和空气中的水分产生氧化反应。而刀油的选择一般是使用矿物类油，这样不会腐蚀刀刃。最常见的就是石蜡油。一般为了调节石蜡油的粘稠度，让附着力更好一些，采用的是在石蜡油中加入凡士林来增加石蜡油的黏性。上刀油一般是倒一点点刀油在棉布或者纸巾上，然后均匀地涂在刀身上。

　　经常使用的刀具只能尽量放在干燥处并勤加擦拭，比如日本武士们就是每天定期擦拭自己的刀，上油、打粉，以保证在气候比较潮湿的岛国不生锈。如果是不锈钢刀，就不需要过于频繁地擦拭刀身上积攒的水汽。

对于长刀剑来说，由于现代的不锈钢没有适合制作长刀剑的，其原因在于硬度不高且韧性不足。这些不锈钢大多只适合做短刀，所以不锈钢的长刀剑依然只能勤加擦拭。

除了刀刃以外，刀鞘也大多需要保养，刀鞘的材质种类较多，刀鞘有皮鞘、K鞘、木鞘、战术尼龙鞘等。一般来说，K鞘和战术尼龙鞘这类现代材质的刀鞘不需要保养，但这类现代材料的刀鞘也只适合短刀使用，对于长刀来说，K鞘对刀身有磨损，尼龙刀鞘对于长刀长剑来说又太软。皮刀鞘韧性强、抗压、抗折，但对于皮刀鞘来说，干燥气候容易开裂，而潮湿的气候容易受潮霉变。所以皮刀鞘也需要上油。

对于木鞘来说，干燥的气候容易导致木鞘变形开裂缩水。一般来说密度较大的木料比较不容易变形，比如黑檀、酸枝。但是一样会有些细微的缩水，所以一样要给木鞘上油。而木鞘需要上的油跟皮鞘和刀身又不同。木头一般是上植物油，核桃油或者橄榄油是最好的选择。

生锈的刀具

正在进行保养工作的刀

技术人员正在擦拭刀具

经过保养后的刀具

NO.9　冷兵器与热兵器的区别在哪儿？

　　冷兵器的构造一般比火器简单，可通过人力和机械的力量来操作。在火器没有大规模被使用之前，冷兵器一直是战场上广泛被使用的兵器，因此冷兵器多属于传统兵器，但也有例外，如电磁炮虽是极先进的武器却没有使用化学燃爆技术，因此也属于冷兵器的一种。冷兵器最初是由木、石、骨等原始材料制成。随着科技的发展，铜、铁等金属逐渐成为冷兵器的主要原料。在战争工具的发展史上，冷兵器属于较早期、简易的一段。其与火药发明以后，使用化学能的火器或热兵器，有非常大的差异。

　　热兵器又名火器，古时也称神机，与冷兵器相对。传统的推进燃料为黑火药或无烟炸药。所有依靠火药或类似化学反应提供能量，以起到伤害作用的（如火药推动子弹）；或者直接利用火、化学、激光等携带的能量伤人的（如火焰喷射器）都是热兵器。热兵器时代，装备先进火器的军队，在和冷兵器的文明作战时，基本占有战场的绝对优势。

火药曾经被卡尔·马克思列为改变欧洲历史的发明之一。实际上火药对于欧洲的改变，不仅仅是宗教上的，黑火药在进入战场的那一刻起，整个人类的战争发展历史，就已经开始酝酿着一场全新的革命。它不仅诞生了一种全新的，有别于所有几千年历史的冷兵器类别的热兵器，同时也注定要对人类的战争形势，以及人们的战争思维，带来翻天覆地的改变。相较于火药的发源地，以及诞生大量军事强国的近东地区，热兵器的发展无论是单纯武器技术方面，或者是在战术运用以及兵种、作战原理等方面，欧洲国家都无可争议地走在了前列。

热兵器对于战争的影响，最为直接的，便是步兵在战场上的地位。相比于传统的冷兵器，除了像火炮一类，需要严格的专业技术才能操作的武器，大部分火枪所需要的训练量以及对人体力量要求，实际上是要远低于传统的

枪械是现代战争典型的热兵器

弓弩。加之当时欧洲中央集权化时代的开始，训练维持一支职业化的军队，或者至少使用一支淘汰传统的征召民兵，全部使用佣兵作战，便成为一件可以完成的工作。以这类军队作为平台，加之文艺复兴时代所诞生的大量全新的科学技术，以及贵族们对于这些科学技术在军事上的应用，使欧洲的军队更容易构筑起全新的适用于热兵器时代的战术。

Gew.98 步枪及军用匕首

西欧国家使用的手铳

火绳枪的点火装置

著名的 AK-47 突击步枪

NO.10　冷兵器时代的弓弩有什么特点？

　　中国弓箭出现的历史非常早，最早的时候也是木质或者竹制的单体弓。但随着中国军事科技的发展，到了殷商时期，中国人点亮了一个西方人没有点亮的科技树，那就是复合弓。这种弓箭的最大特点就是弓形反曲，这使弓臂在回弹的时候速度更快，且由于使用了性质更好的如动物角、筋等材料，使弓臂的弹性势能更好。到了秦朝以后，由于弩的大量出现和骑兵开始成为战场主力，弓的用途开始发生变化，从过去的步、骑兵用弓逐渐演变成骑兵专属用弓。

　　弩作为一种冷兵器时代的产物在 2000 左右的人类战争史上一直扮演着一个冷酷的角色。因为弩的存在，古代的士兵远在火枪之类的热兵器出现之前就能以现在人端步枪的姿势进行射击了。在欧洲中世纪，一个刚从田地里抓来的壮丁，仅仅需要几个月的训练便能熟练地用弩杀死花数 10 年时间接受格斗训练并且全副武装的骑士。弩是如此的易于使用并且含有巨大杀伤力，因而在古代比其他任何远程作战武器更为普及，甚至引起了极力维护封建庄园及神学统治的欧洲基督教会的注意，罗马教皇英诺森三世于 1139 年发布

冷兵器时代常见的长弓

赦令禁止使用弩。

　　弩的一个关键部位是弩机，这是决定这只弩仅仅是模型还是具有令人恐惧的杀伤力的武器的构件。弩机由3个做工精巧的青铜零件拼装而成。持弩者用手指向后勾悬刀，稳定悬刀的钩心下推，弩弦脱牙后回弹将箭矢推出。

　　欧洲的弩起步较晚，早期的弩是装备在古希腊、古罗马军队中的弩炮，可发射弩箭和石弹，多用于攻坚，亚历山大大帝的军队在东征过程中曾使用弩炮轰击推罗港的城墙。但弩炮在攻城中仅能起到辅助作用，原因是其体型的笨重和发射效率的低下。

现代仿制的历史上所用的复合弓

现代制造的复合弓

欧洲的弩在构造上与中国弩的最大不同就是扳机结构，欧洲的弩机和中国的铜弩机相比显然不能算是进步的，一条弯曲的金属托柄沿着弩臂后部伸展，弩手用力握住弩臂和托柄使弦牙前倾，弦脱离弦牙并将箭矢推出。这个装置的最大缺陷就是灵敏度低，弩手需用较大臂力，因而易造成弩臂晃动影响准确性，而且瞄准时持弩托的肩膀需抬得很高，姿势上的不适也会降低命中率。同时弩托的长度占了几乎半个弩臂，在弩臂长度有限的情况下，箭槽不可避免的缩短，弩弓便只得用强韧性的材质制作以弥补箭槽缩短导致的杀伤力降低，因而张弦的难度加大。

现代枪械上的许多部件都曾经体现在弩上，准确来讲，枪支是弩的升华形态。

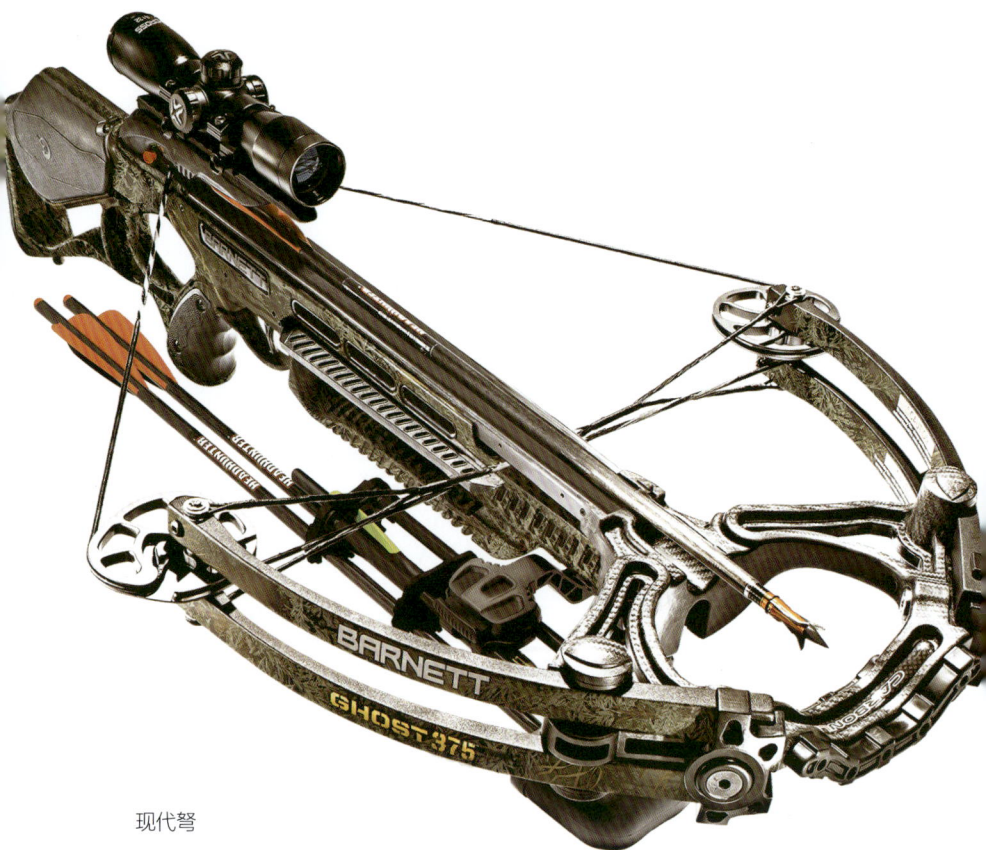

现代弩

NO.11 弓与弩相比，两者谁优谁劣？

弓是古代冷兵器时代最为典型的一种远射兵器，它的具体发明年代已经难以准确考证，我国曾在考古中发现过 28000 年前旧石器时代的燧石镞头。相传中华民族的始祖黄帝与蚩尤大战于涿鹿时，黄帝就是以弓矢取胜的。自商周以来，弓始终作为主要的射远兵器而备受重视。到了春秋战国时代，其制作工艺又有了较大的进步，质量也大为提高，因此各国都用它装备部队，大量使用于当时的战争之中，曾被列为兵器之首。

而弩最初出现于春秋时期，传说由楚琴氏发明。楚琴氏在战争中感到弓箭的威力还不够，便在弓上装臂，创造了第一把弩。中国在战国时就已广泛使用弩，据史书记载公元前 342 年马陵之战中庞涓所率的大军就是中了孙膑的弩阵埋伏而全军覆没的。

弩与弓的根本区别在于弩具有延时机构，无须在射击时同时要采用开弓与瞄准两个运作，而是可利用臂、足、腰、机械等多种方式先进行引弓，再从容瞄准，伺机发射。

备受特种兵青睐的奥地利拜因·施泰德"轻骑兵"弩

弩与弓相比具有以下优点。

一是弓的使用只能依靠臂力，这就制约了其射程，同时也对弓箭手的臂力提出了很高的要求，这对兵源的选拔产生了很大的限制，并且在战时即便好的弓箭手也难以做到持续不断地发箭；而弩则可以综合运用腿部、腰部力量进行装填，可大大提高发射时箭矢的动能，其作用距离更远、穿透能力更强。

二是弓箭手需要长时间的训练才能达到一定的标准，这无疑会增加养兵的成本，也不利于快速形成战斗力；而弩是一个较为稳定的射击平台，开完弓后就无须强大的臂力作支持，所以便于瞄准，命中率更高；更为重要的是使用学习简便，一般人稍作训练就可以投入战斗。

弩与弓相比也有其不足，主要是发射速度弱于弓，且比弓笨重，所以在古代的军队中，二者通常配合使用。它类似于现代作战中的迫击炮、狙击步枪、机枪、步枪等一起构成自远至近的全程杀伤火力。

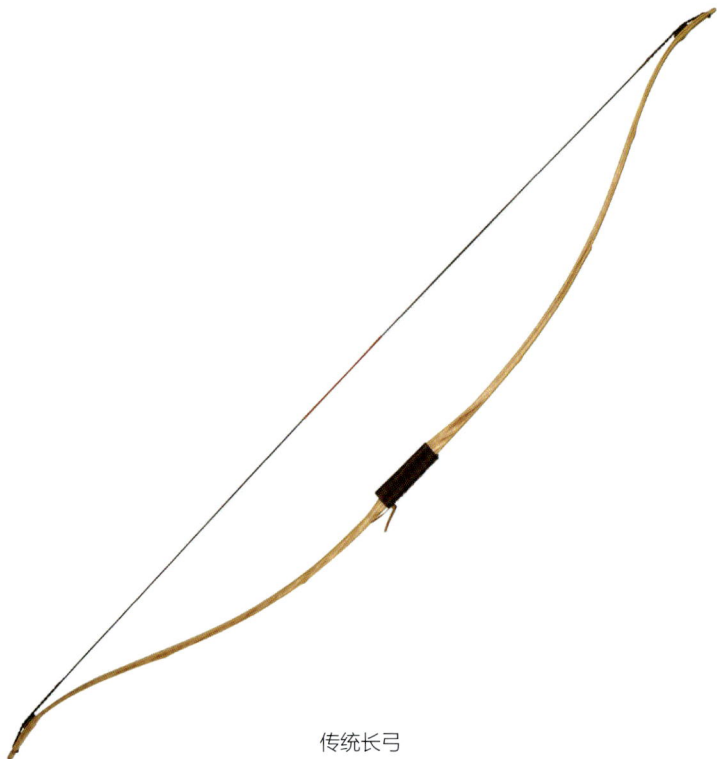

传统长弓

现代弩及相应配件

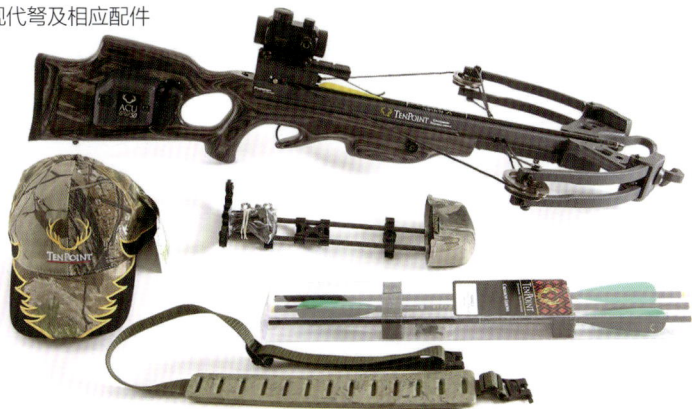

现代科技制造的弩

NO.12 传统弓箭的制作材料有哪些?

春秋战国之际的《考工记》中专有"弓人为弓"一篇，对制弓技术作了详细的总结。在此后的 2000 年内，中国，或者说亚洲的复合弓制造技术制弓术与考工记相比没有什么根本性的变化。《考工记》对于弓的材料采择、加工的方法、部件的性能及其组合，都有较详细的要求和规定，对工艺上应防止的弊病，也进行了分析。《考工记》中认为制弓以干、角、筋、胶、丝、漆，合称"六材"最重要。

六材之干

"干"，包括多种木材和竹材，用以制作弓臂的主体，多层叠合。干材的性能，对弓的性能起着决定性的作用。《考工记》中注明：干材以柘木为上，次有檍木、柞树等，竹为下。这些木头的材质坚实无比，任凭推拉也不会轻易折断，发箭射程远杀伤力大。南方弓与北方弓在材质上明显不同，南方多用竹子为干，而北方，特别是东北一带尤其以这种硬实木为主。

六材之角

"角"，即动物角，制成薄片状，贴于弓臂的内侧 (腹部)。据《考工记》记载，制弓主用牛角，以本白、中青、末丰之角为佳；"角长二尺有五寸 (近 50 厘米)，三色不失理，谓之牛戴牛"，这是最佳的角材 (一只角的价格就相当于一头牛，即牛的头上顶着的不是牛角，而是两头"牛")。

六材之筋

"筋"，即动物的肌腱，贴于弓臂的外侧 (背部)。筋和角的作用都是增强弓臂的弹力，使箭射出时更加劲疾，中物更加深入。据《考工记》记载，牛筋是最常用的"六材"，选筋要小者成条而长，大者圆匀润泽。

六材之胶

"胶"，即动物胶，用以粘合干材和角筋。《考工记》中推荐鹿胶、马胶、牛胶、鼠胶、鱼胶、犀胶等 6 种胶。胶的制备方法"一般是把兽皮和其他动物组织放在水里滚煮，或加少量石灰碱，然后过滤、蒸浓而成。据后世制弓术的经验，以黄鱼鳔制得的鱼胶最为优良。

六材之丝

"丝",即丝线,将缚角被筋的弓管用丝线紧密缠绕,使之更为牢固。据《考工记》记载,择丝须色泽光鲜,如在水中一样。

六材之漆

"漆",将制好的弓臂涂上漆,以防霜露湿气的侵蚀。一般每十天上漆一遍,直到能够起到保护弓臂的作用。

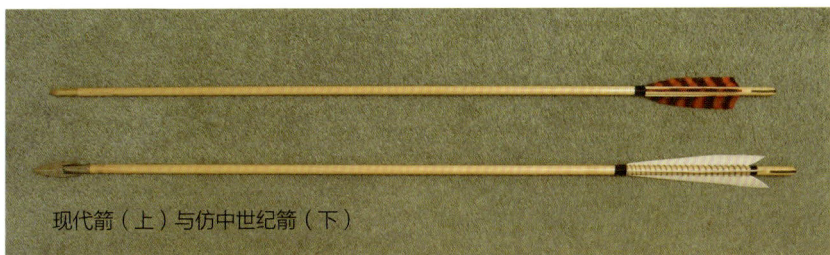

现代箭(上)与仿中世纪箭(下)

长弓所用的箭矢

制造弓的材料多为木质

NO.13　长弓相比同时期的其他冷兵器具有什么优势?

　　长弓被中世纪的许多欧洲国家运用于战争中,虽然十字弩在欧洲大陆更为流行。在 14 ～ 15 世纪的英法百年战争中,长弓是英国弓箭手的主战武器。对比其他冷兵器,长弓具有以下 3 个优势。

　　·　长弓与同时代其他远程武器相比射速更快。

　　长弓在战场上胜过弩,主要凭的就是射速快。从火力密度上说,一名长弓手的作战效能起码抵得上 3 名弩手。合格的弓手 1 分钟可以精准瞄射 12 支箭,如果是乱箭齐发的时候,射速可以提高到 15 支,有的甚至能射出 20 支。这样的平均射速,到了 1866 年,普奥战争中后膛定装的德莱塞步枪也仅能达到其一半。传说中,罗宾汉射出 5 支箭时,和他比试的弩手弦还没拉上。200 米距离的冲锋,重装步兵大约需要 90 秒,而重骑兵只要 15 秒。对付这

教练正在指导使用者使用长弓

长弓及使用的箭矢

样的移动目标，缓慢而精准的射击显然已没有意义。关键是发射的密度，多射出一箭就多一分生与胜的希望。

- **长弓射程远、穿透力强。**

现代长弓发射的箭镞最大射程可达 360 米，但这缺乏实战意义，强弩之末没有什么杀伤力。长弓手只要能射中 200 米外的人形靶就算合格，这已是普通弓箭所不能企及的。在 1182 年的阿伯盖文尼城围攻战中，威尔士人发射的流矢穿透了 10 厘米厚的橡木门板。同一战中，布劳斯的威廉手下有个骑士被射中，其箭贯穿了他的锁子甲裙、护腿甲、大腿，又穿过内侧的护腿甲和木质马鞍，一直射入马背。仿制的长弓发射重 50 克的箭，可在近距离穿透 9 厘米的橡木。

- **长弓手装备简单易得。**

长弓手的防具与同时代的骑士或重步兵相比是很简陋的，一般只有轻便的头盔和护胸。由于轻装，他们不仅成本低廉可以大量雇佣，而且可以在战场上灵活运用，及时机动到有利的阵位上实施致命的发射。

士兵使用长弓瞄准目标

长弓被拉开的状态

NO.14 古代常说的"十八般兵器"具体指的是什么？

"十八般兵器"是战国时代军事家孙膑、吴起所创。"十八般兵器"一词在古书中还找不到，明代谢肇《五杂俎》，清代褚人获《坚集》两书中都只有"十八般武艺"之说。显然，"十八般兵器"一词是后人所造。"十八般兵器"究竟指的是哪些兵器，因为年代、地区和流派的不同，对"十八般兵器"的解说也各异。汇总起来。古今有以下多种不同的说法。

- 据《五杂俎》和《坚集》两书所载，"十八般兵器"为弓、弩、枪、

现代制造的长矛

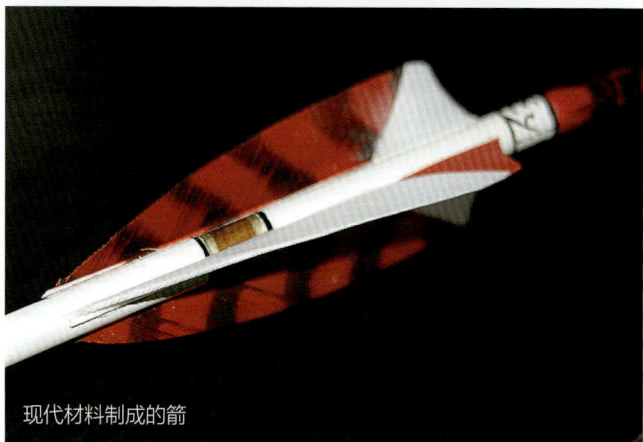

现代材料制成的箭

刀、剑、矛、盾、斧、钺、戟、黄、铜、挝、殳（棍）、叉、耙头、锦绳套索、白打（拳术）。后人称其为"小十八般"。

- 武术界普遍对"十八般兵器的解说则是刀、枪、剑、戟、斧、钺、钩、叉、镋、棍、槊、棒、鞭、锏、锤、抓、拐子、流星。

- 最早是汉武于元封 4 年（公元前 107），经过严格的挑选和整理，筛选出 18 种类型的兵器：矛、镋、刀、戈、槊、鞭、锏、剑、锤、抓、戟、弓、钺、斧、牌。棍、枪、叉。

- 三国时代，著名的兵器鉴别家吕虔，根据兵器的特点，对汉武帝钦定的"十八般兵器"重新排列为九长九短。九长：戈、矛、戟、槊、镋、钺、棍、枪、叉；九短：斧、戈、牌、箭、鞭、剑、锏、锤、抓。

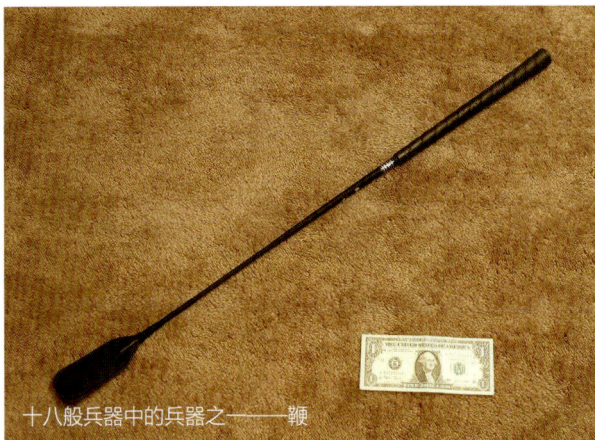

十八般兵器中的兵器之———鞭

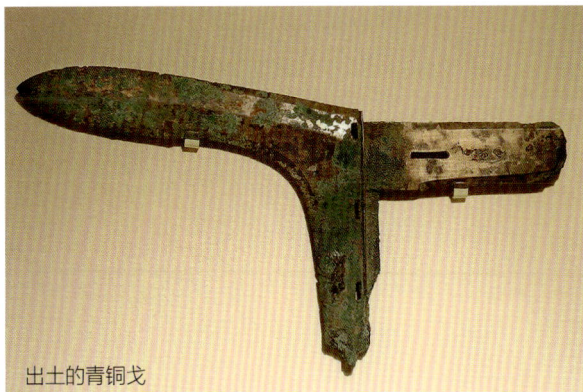

出土的青铜戈

博物馆中十八般兵器

NO.15　使用弩时需要注意什么问题？

　　使用弩时，需要稳固的据弓弩、正确一致的瞄准以及正确的击发三者相结合，在射击时，需要注意以下 4 点。

　　• 　抵肩位置不正确

　　射击时，射手若不能正确地抵肩，会使射弹产生偏差。在通常情况下，抵肩过低易打低，抵肩过高易打高。纠正时，射手要反复体会正确的抵肩位置，并通过他人摸、推的方法检查抵肩位置是否正确。

　　• 　两手用力不当

　　射击时，射手为了命中目标，往往以强力控制弓弩的晃动，造成肌肉紧张、用力方向不正、姿势不稳，使弓弩产生角度摆动，增大射弹散步。纠正时应强调举弩弓时正直向后适当用力，使用力方向和后坐方向一致，连发射击时应保持姿势稳固，操弓弩力量不变，练习时，可据弓弩后由协助者向后引弓弩等方法，检查用力方向是否正确，发现偏差，及时纠正，自动武器射击时应特别注意防止右手上抬、下压或向后引弓弩等毛病。

- **击发时机掌握不好**

　　射击时，有时射手常为捕捉瞄准点，造成勉强击发或猛扣扳机。纠正时，应使射手反复体会在瞄准线指向瞄准点或瞄准点附近轻微晃动、自然停止呼吸的要领。在剧烈运动后无法按正常情况停止呼吸时，应进行深呼吸后再停止呼吸。

士兵正在使用弩执行任务

- 耸肩、眨眼和猛扣扳机

射击时，由于射手过多地考虑弓弩响时机，点射弹数，射击成绩等因素，造成心理紧张，产生耸肩、眨眼猛扣扳机等错误动作，影响射弹命中，纠正时，应强调按正确要领操作，把主要精力集中在准星与缺口的正确关系上，达到自然击发。

现代弩瞄准镜中观察到的景象

装有瞄准镜的现代复合弩

弩的图案被用于英国贵族纹章

NO.16 现代战争中，刺刀是怎么有一席之地的？

在现代的近身肉搏战中，刺刀无疑是存在感最强的冷兵器。大兵们拼刺刀的习惯可以追溯到 17 世纪，那时军队使用的还是前装药火枪。这种火枪从装填到击发需要 1 分钟的时间，火枪手在此期间很容易受到袭击。为了解决这个问题，法国人首先把匕首装在枪口上当长矛用，刺刀就此诞生。

刺刀又称枪刺，是装于单兵长管枪械（如步枪、冲锋枪）前端的刺杀冷兵器，用于白刃格斗，也可作为战斗作业的辅助工具。

刺刀由刀体和刀柄两部分构成。按形状分为片形（刀形或剑形）和棱形

（三棱或四棱）两种。按与步枪连接方式又可分为能从枪上取下装入刀鞘携行的分离式和铰接于枪侧的折叠式两种。分离式刺刀多呈片形，有的刀背刻有锯齿，并能与金属刀鞘连接构成剪刀，具有多种功能。现代刺刀一般刀长20 ～ 30 厘米，它在近战、夜战中仍有一定作用。

在两次世界大战中，刺刀仍是相当重要的军械，士兵们人手一把，制造数量庞大，至今仍有大量留存。但是在真正的战斗中，两军以刺刀对决的例子愈来愈少，到了二战，只有日军还有大规模使用刺刀拼斗的例子。其他军队多是以刺刀作为吓阻工具，或是多功能的战斗刀，其长度也逐渐缩短。

等到半自动和全自动武器普及，并配上了高容量弹匣之后，单兵的火力大增，刺刀的地位更是江河日下，除了夜袭等敌我不明，两方极度接近而且敌我混杂的时候，根本没有端枪冲锋的机会。最近一次的事例，是 1982 年

美军进行刺刀演练

在福克兰岛龙丹山阵地，英军发起了刺刀冲锋，以 29 名英军、50 名阿根廷部队死亡的代价，夺下据点。

刺刀虽然在今日实战上的重要性日益减小，但是仍是训练部队的一个重要科目，对培养体能、士兵的集体意识和杀气，有很大的助益。

一战时期，士兵使用带刺刀的步枪

斯泰尔 AUG 突击步枪的刺刀

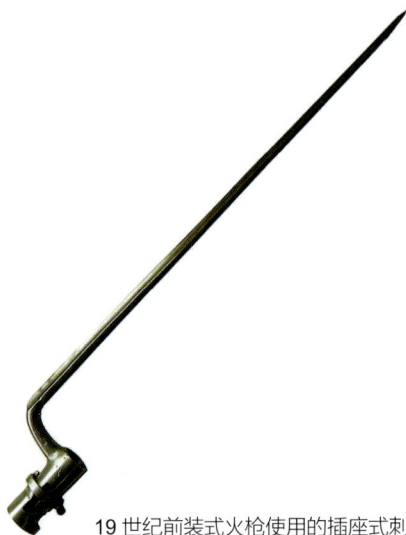

19 世纪前装式火枪使用的插座式刺刀

NO.17　现代军队用的头盔真的防弹吗？

　　现在一些冷兵器顺应了时代需要，借助高科技手段改头换面，以新的姿态出现在现代战争中。比如军用头盔。现代用的头盔主要是作为一种头部防护装具，中国古代称为胄、兜鍪、盔等。由于头盔能使人类最重要、最脆弱的头部免受伤害，所以历来为各国军队所重视。在古代，盔大都由金属制成，防护是其唯一功能。

　　在战场上，枪弹、破片引起的颅脑外伤一直是致死率最高的伤情，因此拥有一顶好的头盔，对于士兵来说很可能就能因此而躲过死亡——甚至是不止一次。大部分人认为现代军用头盔顶多也就能防手枪弹，步枪子弹即使无法击穿头盔也会让佩戴头盔的使用者颈部折断而死，网上流传着一种理论是这样的：头盔面临重量与防护能力的矛盾冲突；与防弹衣不同的是，头盔的重量完全由颈椎承担，因此人体对头盔重量的耐受远不如防弹衣。

　　早期的头盔由于工艺和材质的问题主要是防御一些弹片或者角度不正的

流弹，随着时代科技的发展，军用头盔从外形结构到材料等都发生了巨大的变化，逐渐能够抵御一定距离和部分口径子弹的直击。1978年美军开始取代合金头盔，应用凯夫拉纤维制作防弹头盔，军用头盔的防护水平从此得有了质的飞跃。

现在士兵普遍装备最先进的凯夫拉头盔，他们在实战中证明最新的军用凯夫拉头盔不仅可以防手枪弹，防御步枪子弹也不在话下。曾经英国40突击队员埃里克·沃尔德曼，带着他的凯夫拉头盔在伊拉克南部城市乌姆盖斯尔与伊军的第一次交火中，沃尔德曼的头部中了4枪，多亏他的头盔才保住了性命。

随着科技的进步军用头盔也从未停止它的进化，现代已经迈入信息化战争时代了，头盔不仅可以保护士兵的生命，还需要承载更多的使命。

在信息化战争中，头盔不再只是一个保护工具，而是扮演了战士第二大脑的角色。小小的头盔里装满了高科技产品，在极为有限的空间里安装有

头戴 MICH 头盔的美国海军陆战队士兵

一部雷达装置、一部微型无线电、一个话筒和一副耳机，雷达装置将报告士兵所处的确切位置，无线电便于士兵同战友和指挥官联系。伊拉克战争中，美国特种部队和精锐的陆军步兵部队就装备了这种新的轻型军用头盔——MICH。MICH头盔使用了一种新型衬垫，这种衬垫能变形以适应不同的头型，从而能大大提高佩戴舒适度。MICH的无线通信系统使其具有良好的通信性能。可以说，为了适应信息化战争的需要，头盔已经得到了极大改进。

二战时期德军装备的头盔

美国士兵装备的先进战斗头盔

全副武装的美国士兵

美军士兵使用的战斗头盔及卡巴军刀

NO.18　伸缩棍有哪些种类？

伸缩棍是一种可以自由伸缩的便携式短棍，根据结构上的差别大致可以分为 4 种。

钢卡式

伸缩棍展开时依靠节与节重合部位之间的摩擦力锁定，因此重合部分接合要良好，以确保伸缩棍在戳刺物体或受到震动时不会轻易解锁。在伸缩棍的尾部，尾帽和手柄之间有一个钢卡，由一个圆形底托和两个簧片组成。在收缩状态下，钢卡的两个簧片会撑在最细一节的内壁，使棍节不会自己滑出。钢卡式的优点在于：可以通过调整钢卡簧片外张的角度来改变伸缩棍甩出时的阻力；二是钢卡可以很方便地更换。

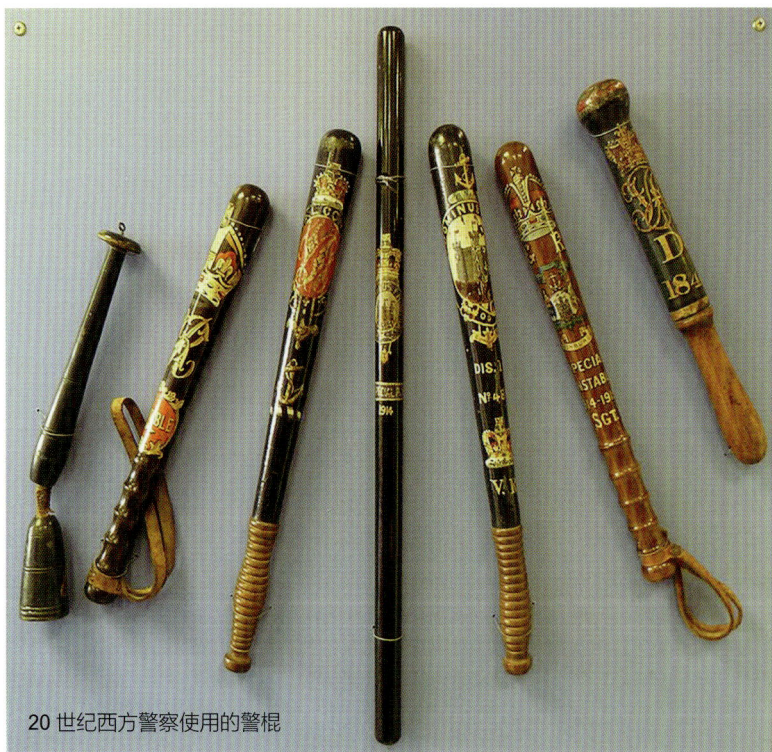

20 世纪西方警察使用的警棍

磁吸式

磁吸式与钢卡式的区别是把后边的钢卡换成了磁铁，磁吸式伸缩棍有三个缺点：一，尾帽占据了相当大的长度，与钢卡式相比，在收缩长度相同的情况下，磁吸式的伸展长度更短，也就是说，磁吸式伸缩棍的无效长度较大；二，磁吸式伸缩棍所用的磁铁磁性较强，会对手机、手表、磁卡等物品产生不利影响。三，现在市面上基本没卖磁吸棍配件了，如果收棍的时候把磁吸石撞碎了，就无法方便携带。

机械闭锁式

前两种伸缩棍都属于摩擦闭锁式，打开时依靠摩擦力锁定。而机械闭锁式伸缩棍则是依靠连接部分的卡簧来完成伸展状态下的闭锁。收棍时按住尾部的按钮即可轻松收回。优点：一，锁定牢固，伸展状态下可以承受很大的垂直作用力而不会缩回；二，收棍方便快捷。缺点：一，由于打开后连接部分并不像摩擦闭锁式伸缩棍那样紧密接触，所以节与节之间会有轻微的晃动；二，结构复杂，易坏难修。

依据其他不同的标准，伸缩棍还可以分为很多种，比如根据材质的不同可以分为钢制伸缩棍、铝合金伸缩棍、尼龙伸缩棍，根据手柄处理方式的不同可以分为胶柄伸缩棍、全钢压花伸缩棍，根据节数的不同可以分为两节、三节、四节伸缩棍，等等。

美国冷钢 91STA 直柄城市手杖

现代警察使用的伸缩警棍

伸缩警棍的手持状态

NO.19 口袋折刀的刀锁类型有哪些?

口袋折刀是世界上应用最广泛和普及率最高的刀具之一。根据研究表明，这种刀具已经有 1600 多年的历史了。不过，虽然在很多人看来，口袋折刀的刀片、处理材料、设计、品牌、人体工程学等属性都很重要，但口袋折刀的真正核心是锁定机制。

背锁

背锁（也被称为后锁，脊锁或中锁）由非锁定接头衍生而来。锁杆固定在刀片上，旋转点在中间，手柄后方有个弯曲的弹簧，在枢轴点后面提供向上的压力，按压锁杆则在前面。在闭锁位置，锁定杆位于柄脚底部的一个斜坡上，该斜坡为开启提供了一个止动装置。

当刀片打开时，锁杆的前方部分及其正方形的突出部位，落入刀片柄脚顶部的匹配正方形切口中，将其锁定到位。柄脚上的切口与锁杆的形状匹配，

带有可拆式背锁的现代折刀

意味着必须将锁杆从凹口中抬起。才能释放刀片。因此，弹簧杆在杆从枢转点后面顶住弹簧张开刀的压力前，都保持闭锁状态。

衬垫锁

衬垫锁可能是现代折叠刀最常见的锁形式——便于使用、便于装配。其基本设计原理是使用刀片的衬垫，裁剪并弯曲来产生弹簧效果，打开刀片后使其背面接合。现代衬垫锁由定制刀匠迈克尔·沃克进行了两个重要的升级：增加固定销和止动棘。

框架锁

框架锁是衬垫锁后最常见的折叠刀锁定形式。它于 1990 年首次使用，后经一系列修订。其理念和衬垫锁类似，但更强更简单。在有锁的一侧相对较厚，形成整个手柄。脊柱的轴线上有一个切口，可以减轻内部压力。当刀片打开时，锁杆向内弹，顶住刀刃的后部将刀片锁住，止动球与刀片底部的孔啮合，以保持其闭合，并为紧张的开口提供张力。安装在枢轴上方和前方的止动销可以在打开时确定刀片的最终位置，也有助于消除锁杆上的磨损。

折刀的内衬锁

压缩锁

压缩锁被认为是改进的倒置衬垫锁。刀片会沿着刀脊弹出，收回时手也不会直接作用在刀刃上。

轴锁

轴锁采用了比较独特的设计，钢条穿过手柄和衬里上的槽，两个"Ω"形弹簧在杆的两侧提供相同的张力，止动销定位刀片以提高可靠性。

按钮锁

按钮锁（或插锁）是自动刀的开合方法。刀片完全打开时，柱塞（按钮锁的圆形内部部件）与刀片柄脚上的切口啮合。

环锁

环锁无疑是最标志性的法籍折叠刀特征，操作简单：只要扭动刀片到槽内就可以。

折刀的轴锁

折刀的框架锁

NO.20　剑的结构标准是怎样的？

　　剑是一种尖顶且双面开锋的冷兵器，是一种可以用来刺击和砍杀的武器。但欧洲仅用于受封仪式的慈悲剑或用于斩首的斩首剑（没有戳刺的需要）则是无剑尖的剑，而单锋剑则是只有单面开锋的剑。

　　一把剑通常由"剑身"和"剑柄"两部分组成。剑身包括前段、中段、后段，前段为首。中段分为身、脊、纵；后段分为末、锋、尖。剑柄分为剑颚、护手、茎环、茎。剑首可分为环、后鼻。后鼻可以系"剑穗"。"剑鞘"分为鞘口、护环、剑鞘、剑镖四个部分，可以套在剑身上，有保护剑身和方便携带的作用。剑在收纳时通常有制作精美之"剑衣"来保护存放。

剑身

剑可以做出 3 种攻击动作：砍、割和刺。剑刃有单刃和双刃之分（西洋剑），还包括后来的剑尖双刃的单刃直型佩剑。

不同的剑有不同的剑术，简单来说，长剑或是剑的中后部可用来割或直击，而短剑或剑锋用来反手击。有的剑可通过手的位置进行长剑和短剑的转变。剑刃上的血槽可以减轻重量但不减强度和硬度，与工字铁的原理相似。剑总是向剑锋渐细，锋利的尖端可用来刺。

剑柄

剑柄是与剑刃连在一起可让人操纵剑的部分，包括了把手、剑尾圆头和护手，护手可以是一字形、十字形（西洋剑）或是半圆形（佩剑）的。剑尾圆头只在西洋剑中出现，可以增强平衡性，中式剑中只有一个带环的钝头，可用来系剑穗。

剑鞘

剑鞘主要是用来保护剑刃。在人类历史中，剑鞘曾用皮革、木材以及铜铁等金属材料充当。剑刃进入鞘的地方叫做鞘口，这一部分比剑鞘本体要宽，方盒状，上面有个小环或是圆扣便于携带。皮革剑鞘在保护剑端部分通常使

3D 技术下的剑

用金属或金属环包裹，以免剑鞘被穿通。

剑柄特写

现代仿制的意大利双手剑

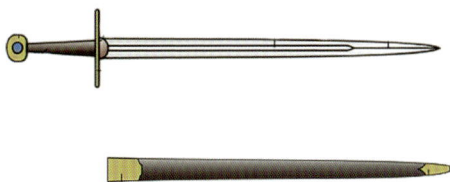

剑的结构示意图

NO.21　好的刀剑由哪些因素组成？

　　古代冷兵器形状，一定是和当时的作战形式、军种和科技相关联的。到目前为止，人类似乎仍脱离不了战争，古代的刀剑却已然脱离了战场。尽管如此，与生俱来的狩猎本能，仍使我们对刀剑有一股难以言喻的感情。因此，我们判断刀剑的好坏，往往会从以下 4 个方面考量。

　　刀剑金属性能主要分为锋口保持度、刚性、弹性和韧性。

　　锋口保持度，即锋口在战斗中下，能维持原有状态的时间。需要高硬度和韧度，高硬度防卷刃，高韧度防崩刃。这两点要同时做到非常难，除此之外，便是对热处理有很高的要求。

　　刚性，就是刀剑保持笔直的抗弯性能，在刺时尤其重要。剑刃会弯的话，刺力无法送上剑尖，穿透性则大减。在斩时，刀剑的刚性也有助于保持刃筋，增强穿透力。刚性对于防守性能也很重要。软皮剑刚性不足，是完全无法用于防守的。刚性的形成来自刃的硬度以及刃横切面设计。

　　弹性，是指刀身的刚性无法保持笔直时，出现弯曲后，能否自动回复笔直状态。这一点和硬度有关。没硬度的话是不能回弹的。

　　韧性，是指刀锋和刀身保持不裂不碎不断的能力，这和晶体幼细度有关。

　　用虎钳来固定刃部，再扳手柄屈曲进行。首先，很多厂商对刀剑的弹性和韧性测试，都会使用虎钳固定刃部，再扳手柄屈曲进行。虎钳式屈曲测试法是长时间慢慢扳的 C 形屈曲，而实战时发生的却是瞬间的 S 形屈曲。S 形屈曲由于在同一长度内有两个弯心，弯度剧烈很多，所以非以整枝剑身形成弯心的 C 形屈曲可比。

刀剑的柄部特写

拥有锋利刀尖的刀具

曾装备意大利军队的双手剑

美国冷钢公司制造的战术折刀

NO.22 冷兵器时代盛行的锁子甲是如何制作的?

　　锁子甲也被称作链甲，但有别于链甲，有时简称为"锁甲"，是一种在铁器冷兵器时代出现的铠甲。十字军东征时，相对普通乡民组成的十字军步兵而言人数稀少的贵族骑士们几乎都披挂锁子甲。

　　锁子甲是由许多铁锁片拴紧而成的一种铠甲，一般为上身铠甲，上能护肩臂，下至护膝。铁索片的大小和硬币差不多，把诸多铁锁片密集拴紧在一起的锁子甲，对冷兵器有很强的防护能力。

　　锁子甲的最大优点是，相对于皮甲，其防护性更强，且透气性好，而且比钣金甲要轻便灵活，欧洲锁子甲的重量不过 15 千克，还可按需要与其他

上半身的锁子甲

铠甲并用，以增加防护范围和强度。其缺点是制作昂贵，保养困难，因为铁环容易生锈，所以忌水，潮湿的环境也容易使其生锈，甚至断裂。用打击武器猛劈力砸，穿着锁子甲一样难以幸免。

　　锁子甲的制作工艺相当复杂烦琐，以 12 世纪的铠甲作坊为例，首先，需要量体裁衣，毕竟铠甲其实就是金属制的服装，特别是软甲类；一个熟练的铠甲师傅，首先必须是一个好裁缝。由于对铠甲的大量需要，基本上一件铠甲必须在一个星期内完工，因此铠甲作坊必须由好几个师傅分工制造：锁链甲是由直径在 2 毫米左右的铁丝，加热后煅打扭曲成直径 1 厘米左右的圆环，并且敲打成宽 3 毫米左右的扁环，在环的两端穿出直径 1 毫米左右的小

现代仿制的锁子甲

眼（一般为一眼，也有两眼，三眼的很少见），互相套住之后，用一毫米直径的铆钉连接起来。铁环环环相扣，有时配合更小铁圈以转折所需之造型，适合人体穿着及活动。

　　做铠甲是非常辛苦的工作，因此一个铠甲师傅一天内能完成10～20厘米见方的一块"铁布"就已经很了不起了。在锻造出按制衣的方法画出的裁剪图上规定形状尺寸的铁布后，再由大师傅精心地用铁环连接每一个部分；为了活动方便，铠甲一般比设计的略大一点点。然后在领口，袖口等地方包上皮革，防止挂伤衣服和皮肤，一件铠甲就完工了；锁子甲造价在11世纪、12世纪时，一名骑士的全套装备价值相当于一个小型农场；铠甲师傅在中世纪的农奴制度中，也是能够和牧师平起平坐的上等平民，受到同等的尊敬。

身穿锁子甲的士兵雕像

锁子甲局部特写

NO.23　刀剑等冷兵器是怎么开锋的？

开锋，顾名思义，就是使刀剑更加锋利。刀剑锻打成形之后需要经过一系列工艺比如沾火（热处理）等，将钢的结构调整为适当形态之后算是锻打完成。但是出炉的刀剑还需要刀匠将刃部打薄打平打直，最后给刀剑开锋作为刀剑完成的最后一道工艺。

现在刀具的开锋有三种比较普遍的方法。

一，大 V 打磨，常见于斩骨刀和大规模机械生产的刀具，省工省料，不容易卷刃；但是切割能力不强。这种开锋形式的横截面是一个角度比较大的 V 字，某宝上大量低价刀具基本就是这种。

二，深 V 打磨。切割能力很强，切口平整，但是切割坚硬的东西容易卷刃，需要经常护理刃口。这种方式的截面是一个小角度 V 字，打磨费事。三，凿式打磨。从截面看，一边是角度较大的大 V，一边是角度小的深 V，常用右手持刀就左边打磨成深 V，常用左手就右边打磨成深 V，这种开锋方法简单省事，可视个人习惯而定。好处是维护方便，后续使用中，要恢复锋利度方便，劈砍效率高（特别是砍树）。

还有一些特殊的开锋方式，比如凹式打磨和凸式打磨（不知道各位大神怎么称呼，反正我是这么叫）。顾名思义，从截面看是两边为向内凹的曲线和向外凸的曲线，凹式打磨相当锋利，但是不耐操，凸式打磨综合性能不错，就是技术要求比较高，现在有些厂子开始采用这种打磨方法。

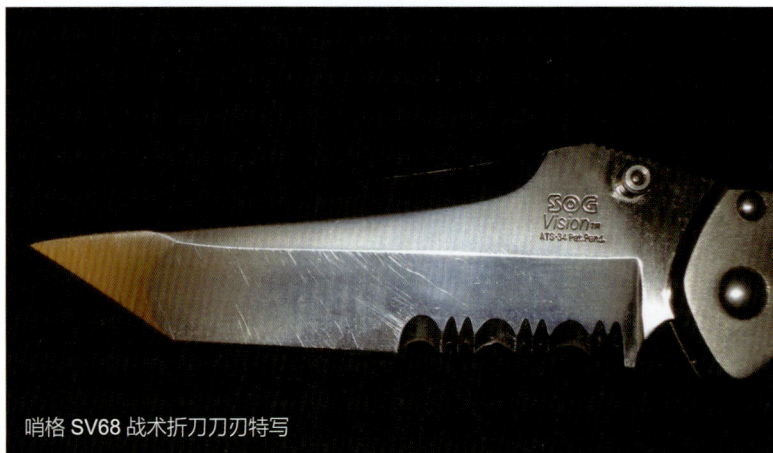

哨格 SV68 战术折刀刀刃特写

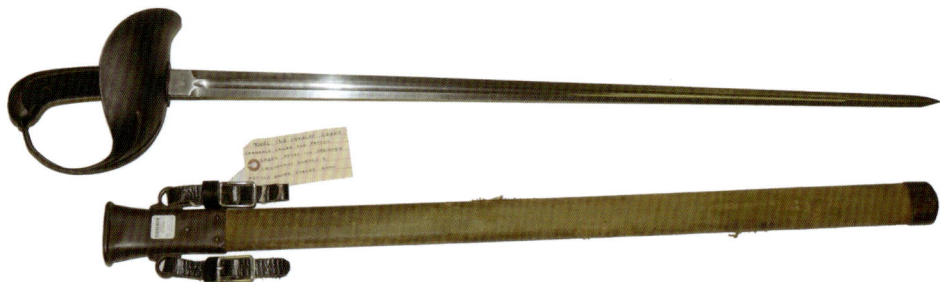

美国 M1913 骑兵军刀

锋利的美国冷钢 16CCB 大刀

短刀刀刃特写

NO.24 刀剑的锋利度是由什么决定的?

刀剑的锋利程度其实和钢材的关系并不大，比如说硬度很低的不锈钢，经过特殊处理后也可以做出很锋利的刀，只是在劈砍硬物的时候更容易磨损。

刀剑的锋利程度主要取决于刀刃的形状。刀刃形状包含了轮廓和刃角等特征，以下是 13 种常见刀具的刃口形状。

1 号是绝大多数生产厂家采用的一种刀具开刃形式，刀体强度高，方便研磨，对研磨技术要求较低，但要非常锋利却不容易。常见的厨用刀具就是这种开刃形式，另外也有不少匕首类刀具采用这种方法。

2 号采用凹磨技术，也可以说是 1 号的变形，刀体内凹，刀刃轻薄，可以达到很高的锋利度，不过当刀刃被加厚以后，锋利性亦相应下降。许多折刀都采用这种刃口形制，刀友在网上展现锋利性的大多是这类刀具。

3、4 号多见于手工刀，比如日本武士刀。这种类型刀刃角度很小，刃面导向性好，因此可以研磨得极其锋利，远非 1、2 号可比，尤其在砍劈时的侵彻度非常高，但缺点是刀体的强度会因为极小的开刃角度而降低，容易造成缺口或卷刃。不过这种刀刃如果不是高强度工作，即使在磨损之后也能够保持较高的锋利性。但是这种刀刃有一个严重缺点，磨损卷刃后的重新研磨非常费时费力。

5 是 3、4 号的变形，仅仅是内弧形刀身形成整体式血槽的变化。由于血槽的存在，刀面大大变窄，导向性因此变差，因此研磨难度稍大，锋利性有所下降，但修磨的工作量也大大减少。

6 号刀刃很少见，主要的例子就是老式剃须刀，在一些西洋古刀剑上也有发现。这种刀刃在自行研磨后很难保持原貌，往往转变成 5 号刀刃。这种刀刃，从刀腹到刃部都极致轻薄，而且刃角很小，所以很容易研磨，而且锋利性远非其他刃口形状的刀可比。

7 号刀刃可以说整个刀身就是刀刃，多见于需要极其锋利的特殊用途刀具，不过倒也常常在菜刀上发现这种研磨方式（也因刀而异，有些人在研磨时将菜刀完全平压于刀石上研磨就会形成这种刀刃）。这种刀刃极其锋利，主要得益于很低的刃磨角度和优异导向性的宽大刃面。

8 号是弧形的，刀体强度较高，方便研磨，但锋利性不会很高。多见于大型藏刀。

9、10 号刀刃面是偏锋，这种刀刃多见于刻刀、凿刀、剥皮刀、剪刀等特殊用途刀具。这种结构会大大地方便研磨，免除了反手研磨的麻烦。不过这种刀具受力时存在明显的偏斜现象，即刀刃向较平的一侧大幅偏移，故搏击类刀具很少采用。

　　11、12 和 13 号是刀背的假刃研磨方式。这种刀刃的目的不是切割，而是在刺入的时候引导刀身，所以一般不追求锋利。

　　以上 13 种常见刀刃，根据刀身和刃部弹性变形理论都可以很好地解释其形状和锋利性的关系，刃角越小，刀身越薄，锋利性也就越高。此外，刃面越宽越平直，导向性越好，刃磨时容易找到感觉，从而减小了角度误差，也比较容易刃磨。

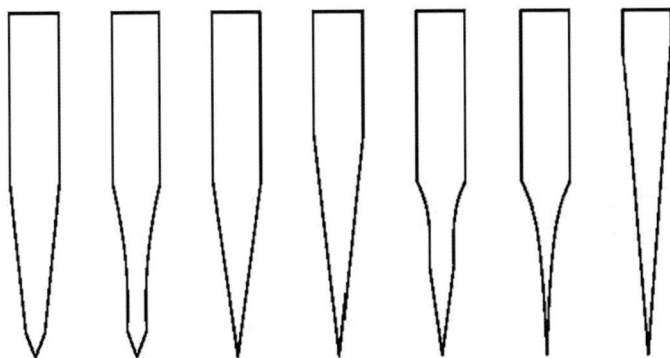

从左到右依次是（1）（2）（3）（4）（5）（6）（7）

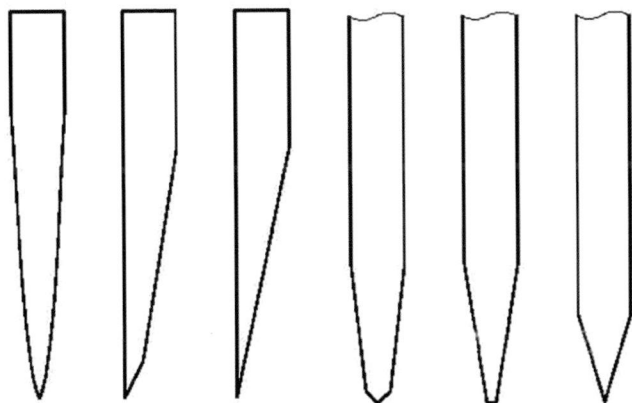

从左到右依次是（8）（9）（10）（11）（12）（13）

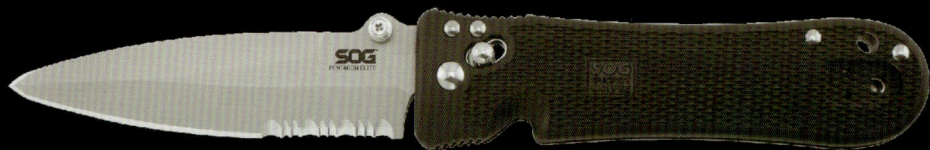

水滴形刀刀尖的战术折刀

美国冷钢 88T 武士刀

NO.25 被喻为"北宅神刀"的战术折刀究竟有多厉害？

德国的索林根是众多刀剑名厂的集聚之地，自古以来就以生产各种军用和民用刀剑闻名国内、欧洲甚至是全世界。众多厂家中有一家老字号名为"博克"。该公司创立于 1869 年，其产品和营销策略非常国际化。博克的一个代表系列就是具有历史纪念意义的战术折刀，近年来还出品有"欧洲战斗机""豹 1""提尔皮茨"。其中，"提尔皮茨"价格最为高昂。

　　所谓"提尔皮茨"战术折刀，是由打捞出水的战列舰"提尔皮茨"（Tirpitz）的装甲板作为原料，博克公司利用这些宝贵的原料，采用 300 层花纹钢（所谓"大马士革"）锻造技术，锻造出独特的"大金字塔"图案。由于战舰装甲的超强硬度和精细先进的加工工艺，该战术折刀的刀刃可以达到 HRC61 的高硬度。手柄由高强度的镁铝合金所制（与硅复合而成，比普通铝合金有更高的工艺标准），上面镶嵌有德国的胡桃木装饰，胡桃木上刻有"提尔皮茨"战列舰的舰徽。博克官方宣称该刀"是集历史、人文、现代技术于一体的绝无仅有之作"。

　　该刀具有深刻的历史背景，立意新颖，做工精致、外观美观，包装精美，对于收藏家而言是不二之选。但也有人认为，该武器刀身部分的材质、锻造、工艺无懈可击，问题出在刀柄上，合金刀柄轻佻且过于现代、观感类似于塑料，胡桃木上的舰徽看上去是机械雕刻。总之，刀柄的设计和制作不能反映出厚重的历史，与刀身不能很好地匹配。

"提尔皮茨"战列舰

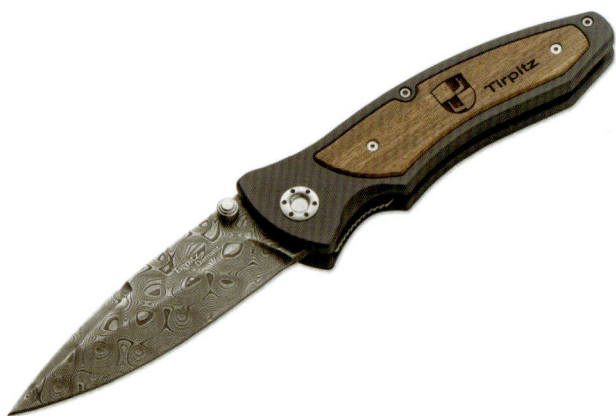

"提尔皮茨"战术折刀

"提尔皮茨"战术折刀及折叠状态

半折叠状态下的"提尔皮茨"战术折刀

NO.26　美国 M9 刺刀被称为"世界经典军刀"的原因是什么？

美军于 1961 年开始装备 M7 式刺刀。由于该刺刀只能作枪刺和匕首，功能较少，且刀颈部易锈蚀，所以被认为是世界上最差的刺刀之一，故在苏联、英国等国军队采用多用途刺刀之后，美军提出了装备新刺刀的要求。

1985 年 12 月美陆军部正式提出对新刺刀的战术技术要求。1986 年初，五角大楼提出招标后，有 3 家美国公司和 3 家外国公司参加竞争。经过对 6 家公司 55 把刺刀的野战试验，美国弗罗比斯公司的刺刀获胜中选，被命名为 M9 式多用刺刀。此后在本宁堡美国步兵学校进行的步枪突击连刺刀突击科目训练中，又对 M7 式和 M9 式刺刀进行了广泛的对比试验。试验结果表明，在损坏率等方面，M9 式刺刀比 M7 式刺刀有明显的优越性。1986 年 10 月，美国陆军部批准了一项价值 1560 万美元的合同，购买 315600 把 M9 式刺刀。1987 年 3 月，M9 式刺刀开始装备美陆军和少数特种部队。

该刺刀的刀柄为圆柱形，用美国杜邦公司生产的暗绿色 ST801 尼龙制造，表面有网状花纹，握持手感好。刺刀的横挡护手上有枪口环，刀柄尾部开一小卡槽。其定位方法与 M7 式刺刀相同。M9 式刺刀的刀鞘也用 ST801 尼龙制作。刀鞘下端的镶件上有驻笋和刃口。刃口角度设计合理，硬度高。刀身上的长孔套到驻笋上时，刀身和刀鞘刃口处贴合紧密，用它可剪断铁丝网。刀鞘上装有一块磨刀石，并用织物制作的盖片加以保护。刀鞘末端还有螺丝刀刃口，可作改锥使用。

M9刺刀自诞生之日起，因为在工艺、力学、人体工学和美学等众多方面均超过了苏联的同类产品，在那个年代做到了独树一帜，因此成了一代名刀，当时第一批生产出了315600把M9刺刀，单价售价为49.56美金。此外，因为该刀的两面有刀锋，因此可以当作陆军的步兵刀使用。

M9刺刀与刀鞘

游戏画面中的M9刺刀

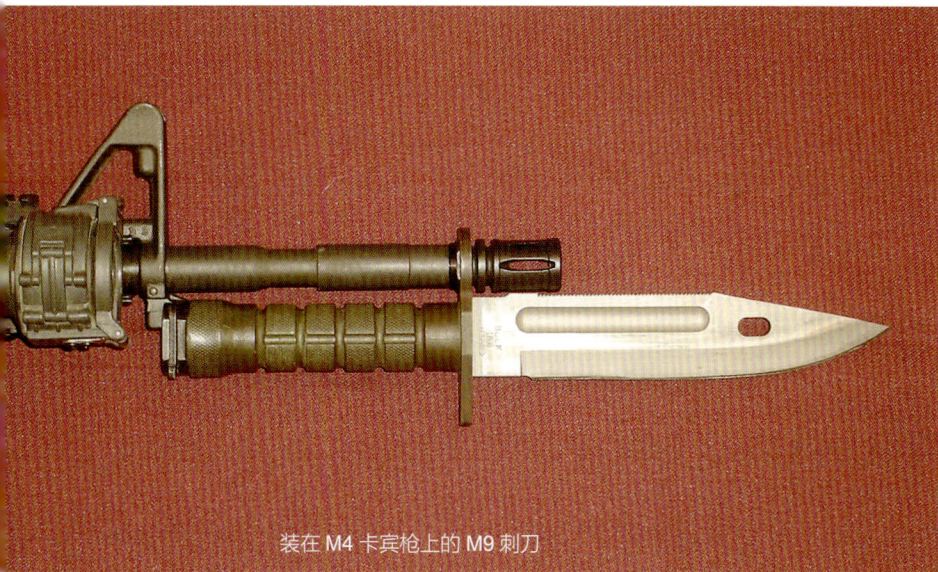

装在 M4 卡宾枪上的 M9 刺刀

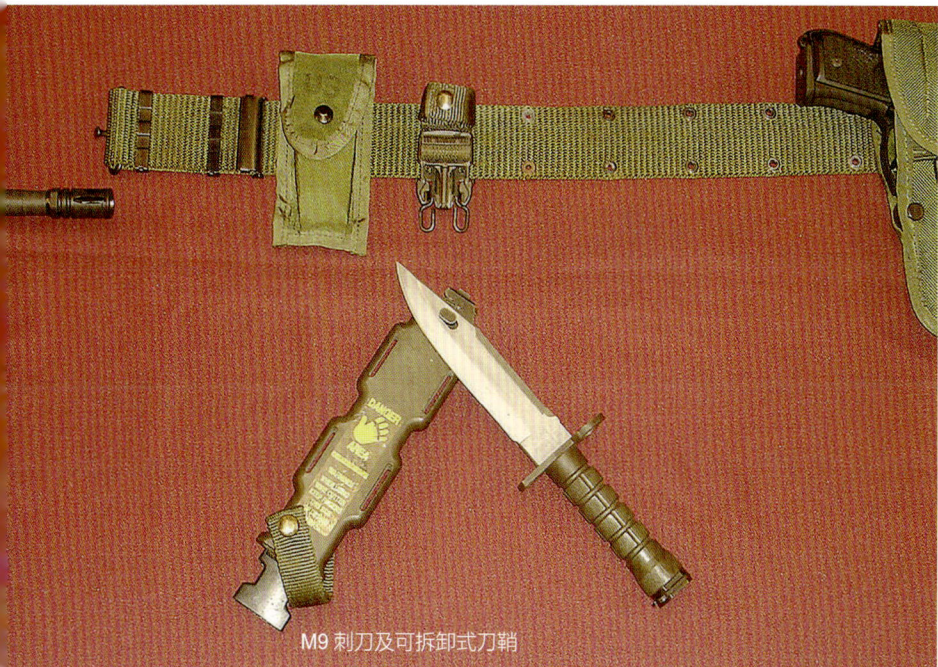

M9 刺刀及可拆卸式刀鞘

NO.27 刀剑上的血槽设计有什么作用？

血槽又称凹槽，指位于剑脊或刀面，与刀背平行的一个或多个凹槽。

一般人的理解，刀上的血槽是为了放血而留，指由于刀剑刺入人体或猎物体内后，拔刀时会由于血液的黏度和张力在刀的接触面产生负压，或因为被肌肉收缩而夹住刀刃，形成一种真空状态，使刀不易拔出来，开了血槽则血便会从此流出体外，可以让外部空气进入，从而破坏此一真空状态，减少负压的产生，便于拔刀。

然而现实是从未有证据显示真空状态会发生，许多猎人及屠夫表示，无论使用有或无血槽的刀子，在拔出动物身体时，其难易程度并无差别。由此看来，不管有没有血槽，只要刺得进，就拔得出来。因为血槽不具有让血流出来的功能，所以现在美国已将其改名为凹槽。

既然血槽没有破坏真空状态的作用，也有人猜测血槽只是纯粹装饰用。不过这还需要看刀子的体积，如果刀长在 24 厘米以下，那么血槽可能只是装饰用，如果超过 24 厘米，那么血槽则是不可或缺的强化机制。一般说来，血槽的功用主要有以下 3 点。

带有血槽的军用刺刀

带血槽的战术直刀

- 增加刀子强度

在刀身上打上血槽使刀子不只拥有一个刀脊，从纵切面来看，血槽形成有如铁轨般的工字形结构，此构造在 24 厘米以上的刀剑而言是非常重要的强化结构。

- 减轻刀子重量

在早期使用锤打制刀时代，于刀面打上血槽可减少制刀所需要的材料，因当打上血槽时刀面便会变宽，与没血槽的形式相比节省更多的材料，且减轻重量。现代的制刀是从钢板上挖除以制成血槽，虽未能减少材料，但减轻重量的功能相同。一把经适当热处理且有血槽之长刀剑，比没有血槽者轻 20%~35%。

- 保持刀锋锋利

如果是成对的刀与鞘，鞘的内壁会有一（或多）条突出的线，与刀身上的凹槽相合，可以将刀身悬固起来，避免拔刀收刀时，刀锋摩擦刀鞘内壁而导致刀刃损坏。

刀身血槽特写

带有血槽的格斗刀

NO.28　长兵器的柄一般是金属制的还是木制的？

　　冷兵器时代，长武器的柄一般是木制的，虽然也有金属制的，但由于金属制的柄带来的弊端太多，因此后者比较少见。

　　用木柄的好处很多，轻便、弹性好，受到重击时对力的传导性差，对使用者有一定的保护作用。但也有着明显的缺点，就是没有金属材质坚固耐用，这就需要在选材及制作的过程中，用专业技术来弥补。

　　在选用木柄材料的时候选用的多为韧性、弹性较好的硬木，比如柘、柞、桑、枣等材质。对材料的要求很苛刻，要直，要达到一定的年份，然后再进行加工，即"积竹木"古法。

　　首先，将初选合格的柄材，浸泡在桐油里 1 年，待其阴干后，看其上没有裂纹，才可以进入下一步。接着将削得极薄的竹篾浸泡柔软，包裹在柄材的外面，用生漆粘牢，阴干后，再缠上细麻绳，涂生漆。阴干后再缠再涂，直到其粗度合用为止。一根合格的长武器柄材，其制作周期常常要用 2～3 年，非常耗时，成本非常高。

　　这种柄材，术语叫"积竹柄"，相比金属材质，要轻便许多，虽为木制，但其坚韧程度却不亚于金属，利刃加之，声如金铁。积竹柄也很耐用，经冬

欧洲长矛兵使用长兵器进行作战

历暑也不会损坏，能够适用于各种气候条件下的战场。

这种"积竹柄"，加上大号的枪尖，就是槊或矛，加上刀头就是长刀，加上普通的枪尖，就是长枪。因为积竹柄造价昂贵，只有那些实力强大的朝代，才有可能成建制地为军队装备这种高档武器，一般情况下，只能装备部队武将。

还有一种比较常用的木柄是白蜡木。这种柄材通体洁白如玉，卖相极好，弯曲180度而不会折断的木质，弹性极佳，经过处理后，可以用作长柄武器的柄材。用这种柄材制作的枪，其弹性极佳，可以在极短时间内大幅度改变刺杀的角度，对敌人的迷惑性很强，因此又被称作"花枪"。

有的资料上记载，说白蜡木过软，不适合作枪柄。这种说法有一定道理。使用花枪，本身就需要极高的技巧，只有那些武艺高强的将军才能够驾驭，普通士兵是不可能具有这样的技能的，当然也就不可能成建制装备军队。所以普通士兵的长柄武器，都是用硬木制成的，不会经过复杂的处理。

最后一种是金属制的柄。金属柄材的坚固度好，传导性也好。但这种柄材也有个缺点，就是太重，除非超级猛将不能使用，因此历史记载的很少。

古代长兵器示意图

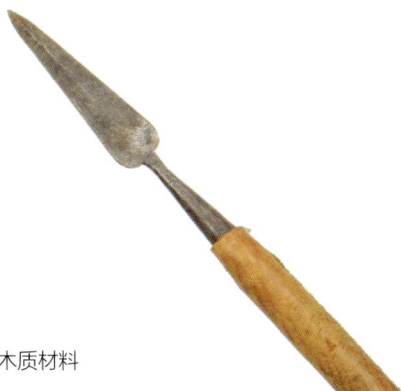

长矛的柄通常采用木质材料

现代西方国家也仍旧使用木制柄长兵器

NO.29　战斧在冷兵器时代相比于刀剑有哪些优势？

在战场上，常常需要劈开物品和敌人，刀具尾部一般都做成适合敲击的尖端，但是有的时候，要敲开较大的物体时，刀具短短的尾锤就显得力不从心。因此，为满足战场的需要，人类又发明了战斧。

战斧根据使用方式可分为短柄斧和长柄斧。战斧通常来说远比现在的砍斧要轻，即使是重战斧也比锤斧要轻很多。这是因为战斧的主要目标是敌方人员或坐骑的四肢而不是厚重的木石，因此传统的战斧有比较尖细的锋刃。这样可以对敌方人员造成大面积的伤口。作为短兵器，战斧可以更简单和迅速地进入作战状态。

熟铁加碳钢的新月形欧洲战斧在罗马时代和后罗马时代就已经出现，并在之后的许多个世纪里慢慢发展着。基本上，在世界很多遗迹中，都可以发现，斧子作为兵器使用，已经非常普通。在美洲大陆上，也有印第安斧。抛

士兵使用战斧进行格斗训练

开那些重型斧头不讲，把战斧的杀伤力提升到更高层次的，应当就是古代的维京人。对于西方人来说，战斧是维京人的标志性武器。从公元 8 世纪到 11 世纪维京人的全盛时期，斯堪的纳维亚的步兵和海盗就把战斧作为标准配备兵器。

相较于同时期的其他武器而言，战斧有以下两个优势。

- 战斧制造和维护相较于刀剑成本更低
- 战斧由于相对较重能更好地对付金属护甲

在古代欧洲，骑士们更钟爱斧头。因为在混战的时候，长矛会因为自身的长度，无法展开使用。阔剑因为容易磕坏，使用起来，很容易受损。这时候，战斧这种看似粗笨的造型，就可以为骑士们劈开敌人的护盾。

不过战斧也有一个很大的弊端，这种武器更适合力量型的选手，而且不大利于在较长距离的时候，保护自己。所以经常可以看到，步兵拿斧子的时候，都会给自己配备一个盾牌，或者是刀剑，用来保护自己。

美国士兵在战场使用战斧

美国哨格 TH1001-CP "飞鹰" 投掷战斧

装备战斧的士兵

◀ 小贴士

　　用高科技武器武装到牙齿的美国陆军仍将印第安战斧装备部队。印第安战斧是北美印第安人的传统武器，早期的印第安战斧以石头为斧头刃，后来，欧洲殖民者带来了铁器，教会了印第安人打造铁器。从此以后，印第安战斧多为铁质。

NO.30　ASP 警棍成为"战术警棍界的权威"的原因是什么？

　　ASP 是美国武装系统暨程序公司 (Armament System and Procedures) 的英文简称。该公司所生产的全系列伸缩警棍，统称为 ASP 警棍。

　　迄今为止，ASP 警棍还都是 100% 在美国本土生产。ASP 警棍，全称为 ASP 战术警棍，它是美国为执法部队专门设计制造的可伸缩战术武器。ASP 一直是战术警棍界的权威，它方便携带，具有很好的隐蔽性，同时能够快速打开，投入使用。ASP 全系列每种长度的伸缩棍分别有 6 种版型，具有无与伦比的控制潜质和令人难以置信的心理威慑能力。先进的材料，精良的生产工艺和完美的装配使 ASP 警棍的品质、耐久力和表现力都能够傲视群雄。

　　"ASP 战术警棍"是一个专指名称，而且不是所有的"伸缩棍"都是"ASP 战术警棍"。换句话说，ASP 战术警棍只是"伸缩棍"的一种，但从品质上来说它无疑是当今世界"伸缩棍"的代表武器。经全美众多精英联邦执法部队测试和使用，证明它的确是"不能破坏的"得力警用武器。所有 ASP 战术警棍均在美国制造，使用超级坚韧的高品质太空钢材和合金生产，经过精细防锈处理，强劲可靠。黑色乙烯基合成手柄提供稳定可靠把握的同时，充分展现了警棍低调沉稳的传统风格。机械塑形的手柄表面非常稳固，绝不会打滑。ASP 超轻型可伸缩战术警棍比传统 ASP 钢警棍轻 45%，由超轻合金制造，具有同样的耐久力和可靠性，隐蔽性更好。

　　由于伸缩警棍出色的性能，很多国家纷纷加以效仿，这种效仿包括官方效仿和非官方效仿。所谓官方效仿就是由国家指定的警用装备研究所，通过对美国 ASP 警棍的内部构造加以研究、改造，制造出供自己执法部队使用的伸缩警棍。这种官方效仿出来的警棍的特点是，质量好，符合实际运用要求。

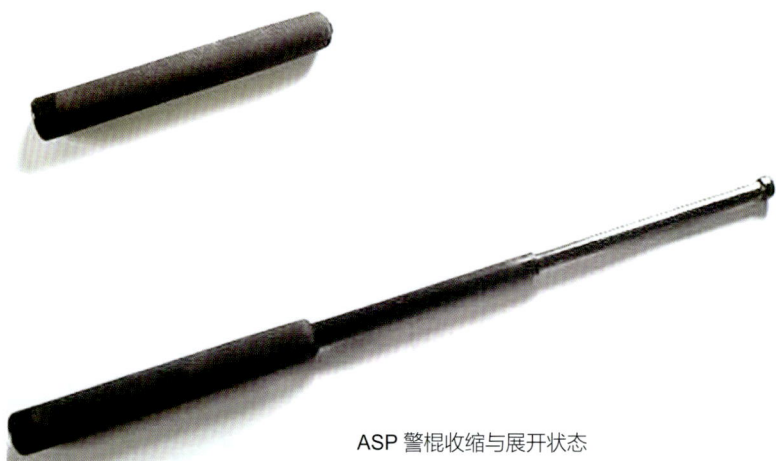

ASP 警棍收缩与展开状态

装备 ASP 警棍的洛杉矶警察

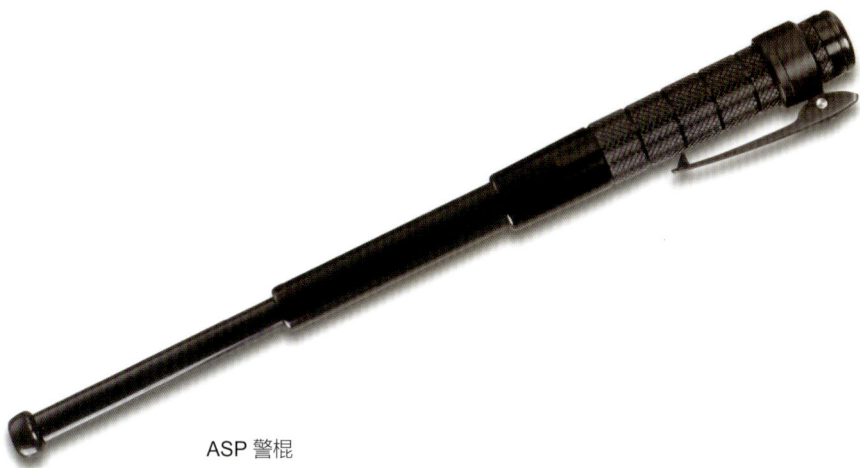

ASP 警棍

美国女警使用 ASP 警棍执法

NO.31 世界公认的最符合力学原理的刀——廓尔喀刀有哪些特点？

在有记载的战争历史当中，廓尔喀弯刀第一次被世人熟知，是 1814 年驻守印度的英军士兵在尼泊尔西部与廓尔喀士兵的战斗中被使用。廓尔喀刀不仅是尼泊尔的国刀，并且是廓尔喀士兵的荣誉象征，是世界上公认的最符合力学原理的反曲刀。战争时期每把廓尔喀刀的刀背上都刻有廓尔喀士兵的名字，一直伴随他们到退役。

廓尔喀刀是一种反曲刀，刀肚较宽，刀身向前弯曲，像一条狗腿，也被人形象地称为"狗腿刀"，它的反曲刀刃弥补其不能刺杀的不足，产生的是令人难以置信的强大杀伤力。其在刀身与刀柄的连接处有一个 V 形凹槽，实战中用来导流鲜血，以免玷污刀柄，传统的廓尔喀刀有木柄、牛角柄、牛骨柄、

手持状态下的廓尔喀刀

铜柄、铝柄等。刀身钢材大多数采用废弃的汽车弹簧钢片打造，特点是韧性好，容易打磨，缺点是硬度低。刀鞘为生牛皮包木鞘，同时配有两把辅刀，一把开刃的用来切割，一把没开刃的用来磨刀。

　　不同的用途会有不同的长度和刀型，按长度大小大致可分为装饰工艺刀、生活用刀和祭祀刀。在日常生活和战斗中每个廓尔喀士兵都佩带在腰间。在他们眼里，它既是一把杀敌利器也是户外求生的必备工具。事实上，人刀已经合二为一，俨然是他们手臂的延伸。

　　当来复枪不能发射，或者子弹打光时候，廓尔喀人就会拔出廓尔喀刀，以无以复加的勇气狂风暴雨般与敌人作殊死斗争，这种景象增添了廓尔喀刀的传奇色彩。

　　廓尔喀刀不仅是一种预防的有力武器，而且是尼泊尔山林居民平时的一种多能刀。作为多用工具，也是每个尼泊尔家庭不可缺少的东西，特别是那些位于尼泊尔中部和东部的部落民族。除了作为英勇顽强的象征，它也是尼泊尔文化的标志。

廓尔喀刀

廓尔喀刀及真皮刀鞘

廓尔喀刀赏析图

NO.32　如何锻造乌兹钢刀剑？

　　乌兹钢原产地是古印度，分为铸造型和焊接型两种，以铸造型最为经典和贵重。西方学者莫里斯·隆巴哈认为，印度人在公元 1 世纪左右就已经生产乌兹钢了。但限于当时冶炼铁矿的条件，尚不能建设巨型竖炉，只能建立有一人身高左右的高度，上面有开口的馒头型圆炉。圆炉用泥土和石块垒成，在炉子的旁边有用来鼓风的几个羊皮囊。冶炼时将印度原产或非洲东海岸柏柏尔人控制区出产的优质磁铁矿和木炭、竹炭层层叠加置入炉里，点火后用皮囊鼓风持续加热。由于炉温最高只有 1000℃左右，铁矿石只能被冶炼成间杂着各种杂质的熟铁块。这是第一道工序，然后利用一种特殊的坩埚将熟铁冶炼成为钢材。

全体采用乌兹钢的刀具

锻造乌兹钢刀剑的主要燃料是木炭，较好的木炭由松木烧制而成。因为木炭不含硫，所以冶炼时不会影响钢铁的成分，但缺点是燃烧温度较低。乌兹钢圆饼的大小、重量各不相同，所以制造短刀剑时需要一块或半块圆饼，锻造长刀剑时则一般需要两块圆饼。锻造时将圆饼放入长方形的木炭炉中，加热到合适的温度，然后用大铁锤奋力锻打，使其中的杂质随着碳组分挤出，同时钢材的组织进一步致密化。钢铁冷却后，再加热、锻打，大约需要数十次的锤炼，直到圆饼变成所需刀剑的大致形状。最后是对刀剑进行淬火和研磨。

有资料显示，1825 年间，驻叙利亚北部地区总领事巴克先生在《兵器制造、研磨及武器出售手记》中曾记述了大马士革地区刀剑的淬火和研磨技术。

巴克在当地买到了两把乌兹钢刀剑，但是由于刀身上有些地方已经锈蚀，所以巴克雇来当地刀匠对刀剑重新研磨。借这一机会，西方人有幸目睹了乌兹钢刀剑淬火和研磨的全过程：根据刀匠的要求，淬火工作在太阳升起前开始，以避免阳光影响对刀剑加热后辐射火色的观察。刀剑淬火前的加热全凭刀匠的经验掌控，等刀剑的辐射火色变成草莓般鲜红色时迅速将其抽出，放入一个充满淬火溶液的木槽内。淬火溶液是由芝麻油、绵羊油、纯腊和沥青等混合而成的，近似于现代工业使用的淬火油（乌兹钢含碳量较高，用水淬

乌兹钢的刀尖特写

火可能会导致断裂）。刀剑在淬火溶液中冷却数十秒之后抽出，在未完全冷却的炭火上快速擦过，以去除残余的油脂，同时刀剑得以回火。接着就是研磨工作，先用石灰和草灰水去除刀身上的油迹，再用一块木头蘸着油和钢石粉末不断地研磨刀剑，用赤铁矿粉将刀剑精细抛光，然后用一种弱酸性溶液涂抹刀剑，在弱酸的清洗下，乌兹钢独有的花纹清晰地呈现出来，最后将刀剑擦拭干净、上油即可。

乌兹钢刀剑的锻造过程

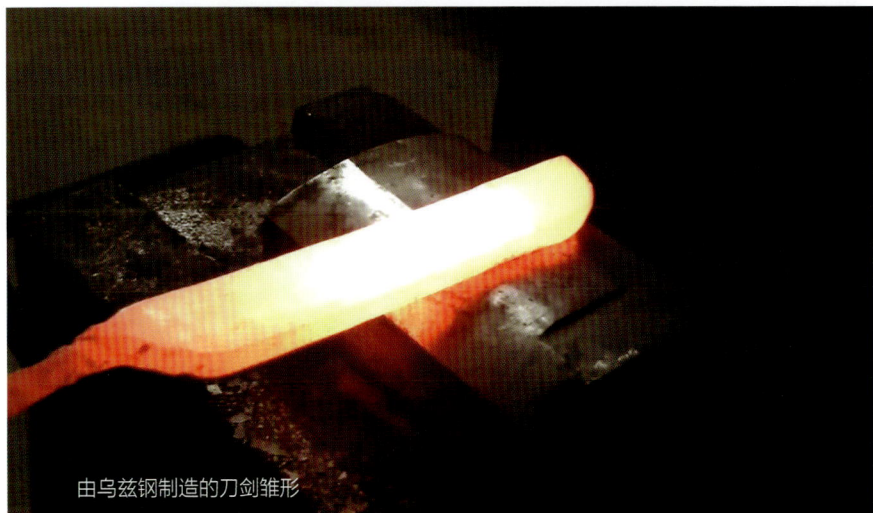

由乌兹钢制造的刀剑雏形

NO.33　乌兹钢的工艺过程是怎样的？

坩埚加工方法

　　精炼后将铁矿石弄干燥后，放入经火硬化的小型黏土坩埚内，以炭火之热量而定出坩埚的尺寸，一般生产出来之铁锭重约 1 千克。坩埚是密封的再用炭火燃烧，印度有最优良的铁矿，在印度坩埚系统用的是最好的铁矿石，印度由此而闻名于世。经人工选用捣碎到粉末状矿石，用淘洗法反复清洗，这样矿石从杂质中分离出来，就像淘金人从其他杂质中分离出黄金的颗粒一样。虽然波斯人及其他人已经观察了印度铁匠，并对熔化过程非常熟识，但因为没有这种净化及含量丰富的铁矿所以始终不能够用这种方法重新生产这种高质钢。

坩埚内燃烧变化

　　持续加热时间从 24 ～ 48 小时不等，当温度从 1000℃升到 1200℃，矿石会转变成多孔的铁质，并留在坩埚的底部。坩埚在封闭状态下，碳来自燃烧的炭和叶并熔化在铁质内。毛竹含氧化矽甚多可助溶化。在此过程中铁不会

乌兹钢制成的刀具

达到其熔点，通过固体的扩散过程，碳被吸收。持续长时间的铸造紧接着慢慢冷却到800℃约12～24小时，这样的设计是为了大的树状碳化铁晶体的优化形成和均匀分布在满布小孔的海绵体铁体内。这些大的晶体事实上是大马士革钢花纹或水纹的主要成分。渗碳体或碳化晶体非常坚硬，抗酸性强，当钢被抛光后会呈现出带白色或银色。

脱碳热处理

冷却后把坩埚从火中移开，并将其打破，取出半球形的钢锭。波斯人称为"蛋"。将它放在铁砧上进行锤打，作硬度试验。经正常铸造的钢锭很硬，经锤打后也不会有凹痕。所以需用特别含有铁锉屑或粉末状铁矿石的黏土混合物覆盖，从而强化钢锭的脱碳。把钢锭重新加热到火红色约700℃至900℃后，再通过锤打作硬度试验。重复此热处理过程，直到金属达到足够的软度以便锻造。

钢锭的锻炼：将钢锭之温度慢慢降低，并控制在700℃至900℃之间。这温度是一个非常重要的关键。铁匠只能靠经验，用眼看火的颜色，变为暗红时进行锻造。因为若温度升高到900℃以上将会把过程倒过来，而令渗碳体和奥氏体的晶体形成。若温度低于700℃，钢便不能得到充分的锻炼。因为欧洲的铁匠一般在1300℃的高温下锻炼金属，因此他们永远不能掌握锻炼大马士革钢的技术。由于对钢锭的有控制式热处理和轻度的锻炼，覆盖的黏

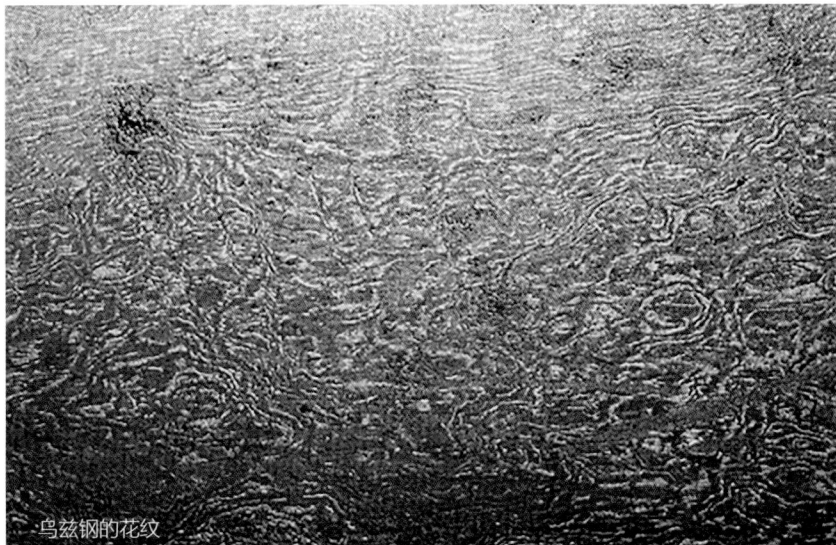

乌兹钢的花纹

土，包括含有铁锉屑或粉末状铁矿石，使钢锭表面脱碳。另外氧化作用也会产生同样的作用。钢锭的碳分逐渐减少，从原来的2.2%或更高降低至1.8%，即从白铸铁状态到 UH 碳钢。 此过程可称为退火和球状处理。令碳成分减少及大的碳化晶体分裂或粉碎或球形化成较少的体积，结果钢条变得有可展性和有韧性。

乌兹钢的花纹

多种乌兹钢制成的刀具

NO.34　现代军刀有哪些类型?

在现代战争中，枪、炮和导弹等热兵器早已取代冷兵器成为战场上的主要武器，但冷兵器并没有完全退出军事舞台。现代军队中的刀主要有指挥刀、刺刀、格斗刀、战术刀、生存刀、伞兵刀和工具刀等，虽然真正在战争中使用的机会较少，但仍能在有可能出现的短兵相接中发挥重要作用。值得一提的是，现代军刀大多强调多用途性，因此各种军刀之间的界限并不明显。

指挥刀

指挥刀是指挥士兵作战、演习或操练时使用的狭长的军刀。在古代以及近代的 18 世纪、19 世纪，指挥刀是西方各国军官普遍配备的。其样式从传统欧洲刀剑演变而来，刀身细长，略带弧度，刀柄处装有护手，外表装饰华丽。20 世纪初，随着火器的大量装备，指挥刀逐渐从军队装备中淘汰，并演化成纯粹装饰和礼仪性质的刀具。至今在各国军队仪仗队中，仍保留着这种装备。

刺刀

刺刀一般指装在枪口（一般是步枪，但是在二战时期也出现过机枪乃至于冲锋枪使用刺刀的例子。目前同样存在手枪用刺刀），专门用来在阵地白刃战中刺杀敌人的冷兵器，其设计特点为长度长、适合刺杀（戳刺），刀身通常具有用来放血的血槽，而且早期刺刀在设计时并不考虑其作为其他用途（劈砍、切割、格档、求生等）的性能，也不适合直接手持。但是现在的刺刀都被设计为多功能刀具或与格斗刀无异，而其作为刺刀进行刺杀的功能反而变成了附属品。

格斗刀

格斗刀是指士兵直接手持用于近身格斗的武器，为了适应复杂的格斗环境，格斗刀的设计不再拘泥于长度和刺杀功能，而是设计为适合直接持刀攻防，在生死搏杀中让士兵先敌一步取敌性命。

格斗刀与匕首最主要的区别在于形状不同。一般而言，匕首可以视为短剑形的格斗刀，刀身较长而直，通常是双刃，以刺击为主要攻击方式。匕首最早是作为暗杀武器，或是战场上最后的格杀武器而存在的，可以说杀人是它唯一的功用。

现代格斗刀有很多不同的形状，如矛形、钩形等，有些还是折叠刀。这些格斗刀不一定以刺击为攻击方式，砍、劈、挑都可能是它们的专长。另外，现代格斗刀不一定以刺杀为唯一功能，有些还带有锯子、铁丝钳、锤子等功能，可以满足其他需求。

战术刀

随着现代战争的发展，传统刀具在战场上发挥的作用越来越少，但作为一种传统武器又不能没有，尤其是现代特种兵在野外战斗及艰难的生存条件下，用场很大。因此，传统刀具开始向多用途发展，战术刀也可以说是特种兵的第二武器。

与刺刀、匕首相比，战术刀是一种多用途、能担任各种战术任务的军用刀具，军用刺刀基本上只具备刺杀功能。匕首虽然轻便灵活，但只能短距离刺杀。而军用战术刀既可以刺，也可以砍、削、锯，甚至可以割断高压电线，更重要的是，刀柄内常附带野战必需品。

美国零误差 0200ST 战术折刀

◀)) **小贴士**

　　20世纪70年代，苏联的特种部队还装备了一种弹道战术刀。这是一种拥有可拆卸式气体或弹簧推动刀片的特殊战术刀，使用者只要按一下刀柄上的按钮便可把刀刃射出，其有效射程大约2米左右。

生存刀

　　生存刀是野外作战时必须配备的刀具，其要求是必须具备一定的劈砍能力，但又不至于太大，用以制作一些中等大小的竹木工具。

伞兵刀

　　伞兵刀是伞兵携行系统中的必带装备，通常是伸缩式自动弹簧刀，主要由刀身、刀柄、保险、开关、内置弹簧、护手、刀套、保险绳等组成。

　　伞兵刀锋利的单面刃口不仅能快速割断降落伞伞绳，还能毫不费力地砍断直径5毫米以下的铁丝；刀背的锯齿能锯断飞机铝壳和电缆，刀柄顶端嵌入高灵敏度指北针，方便行军和判定方位。

美国戈博 LMF Ⅱ Infantry 生存刀

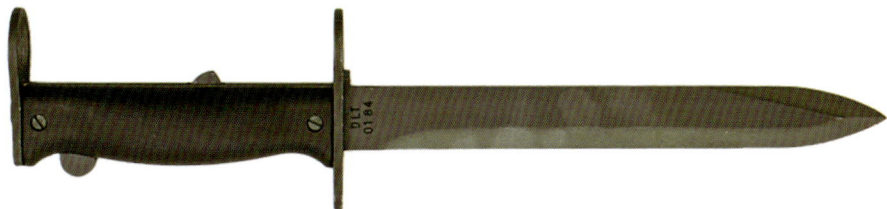

法国 FAMAS 步枪刺刀

德国索林根 LL80 伞兵刀

NO.35　瑞士军刀从何而来?

　　瑞士军刀又被称为"万用刀"，是一种刀身上含有许多工具的折叠小刀，由于瑞士军方为士兵配备这类工具刀而得名。一般认为，瑞士军刀的创始人为查尔斯·埃尔森纳（Charles Elsener），他于 1860 年 10 月 9 日出生在瑞士中部施维茨州（Schwyz）。查尔斯是家中的第 4 个孩子，父亲巴尔特哈沙·埃尔森纳·奥特和母亲维多利亚·埃尔森纳·奥特共同经营着一个帽毡作坊，家境较为富裕。

　　查尔斯早年曾在德国南部城市图特林根（Tuttlingen）做过几年刀具工人，24 岁时回到家乡施维茨州宜溪镇（Ibach）开了一家属于自己的刀具工厂。当时，施维茨地区几乎没有任何工业，当地很多年轻农民被迫移民到北美、澳大利亚或新西兰。为了创造新的就业机会，查尔斯于 1891 年发起并创建了瑞士刀匠大师协会，其主要目的是联合所有瑞士的刀匠以制造当时瑞士军队还必须从德国购买的士兵刀。

1891 年 10 月，瑞士刀匠大师协会制造出了第一批发往瑞士军队的军刀。此后，查尔斯开始制造别的设计精巧的袖珍刀，他不用数字而用诸如"学生刀"和"农民刀"等名字来区分这些刀。由于当时的士兵刀很粗大也很笨重，因此查尔斯特别为军官们制造出了较轻且美观的刀，这种刀除了具备士兵刀所有的刀片、锥子、罐头起子和螺丝刀外，还有一个小刀片和一个拔塞钻。这种 2 个弹簧上面装有 6 个刀体的新模型被查尔斯称为"军官刀"，并于 1897 年 6 月 12 日正式注册。这种方便的多功能袖珍刀很快就风靡开来，查尔斯的刀具工厂开始收到越来越多来自国外的订单。

1909 年，查尔斯的母亲去世，为纪念母亲，工厂改以其教名 Victory（维多利亚）命名。1921 年不锈钢被发明出来，公司名称后面又加上了 Inox（不锈钢）字样，从而形成了目前这个家喻户晓的 Victorinox 品牌。1945 年到 1949 年，Victorinox 生产的袖珍刀大量出售到美国军队，这批业务也使瑞士军刀享誉全球。时至今日，Victorinox 已是施维茨地区最大的工业企业，也

瑞士维氏"瑞士冠军"军刀

是欧洲最大的刀具制造商，拥有 1000 多名员工。每天生产各种刀具 10 多万把，90% 出口国外。

除了 Victorinox，另一个常见的瑞士军刀品牌是同样创立于瑞士的 Wenger（威格），过去该公司也制造瑞士军刀供应瑞士军方，不过在 2005 年时该公司被 Victorinox 收购，所以目前 Victorinox 是瑞士军方唯一的军刀供应商。除了 Victorinox 之外，还有众多的厂商生产类似的多用途工具刀，但是一般只有 Victorinox 和 Wenger 的产品才被认为是正宗的瑞士军刀。

🔊 **小贴士**

美国第 36 任总统林登·约翰逊（Lyndon Johnson）曾在白宫将刻有他姓名首字母的 4000 把袖珍刀赠送给他的客人们。后来罗纳德·里根总统和乔治·布什总统也继承了这一传统。瑞士军刀也因为它的设计而被纽约现代艺术博物馆和慕尼黑的国家实用艺术博物馆收藏。

瑞士维氏"工匠"军刀

瑞士威戈"巨人"军刀

瑞士军刀的折叠状态

NO.36　瑞士军刀广受青睐的原因是什么？

瑞士军刀是利用黄铜铆钉将加工过的钢件、其他工具、分隔衬片和握柄贴片结合在一起。铆钉是由裁切并削尖成适当尺寸的固体黄铜棒所做。早期的分隔衬片是由镍银制造而成，1951年后改由铝合金制造，主要是为了减轻军刀的重量。

最初的瑞士军刀有木制的手柄（今日多为塑胶和金属制），仅有两种工具，分别是螺丝起子和开罐器。直到1897年查尔斯发明新的弹簧，瑞士军刀才开始装进比较多的工具。此后，瑞士军刀的功能不断改进，很快又加上了木锯和剪刀等工具。不久，大螺丝刀上加了一个瓶盖起子，罐头起子上加了个小螺丝刀。而后，刀上又加了指甲锉、牙签、镊子、带金属锉的金属锯、带吐钩器和标尺的除鳞器、十字螺丝刀、钥匙圈和放大镜等。要使用这些工具时，只要将它从刀身的折叠处拉出来，就可以使用。

时至今日，瑞士军刀的种类相当繁多，里面所搭配的工具组合也多有创新，如新增的液晶时钟显示、LED手电筒、最大存储容量为128GB的电脑用USB闪存盘、激光笔、打火机，甚至MP3播放器等，体积也变得相当迷你，符合现代人讲求方便、实用、安全等考量。

功能齐全的瑞士军刀

三种多功能瑞士军刀

瑞士军刀上方视角

左轮手枪及多款瑞士军刀

NO.37 手刺被称为"冷兵器界的致命利器"的原因是什么？

美军的装备可谓"武装到牙齿"，其强大的军事装备研发设计能力，不仅让美军装备了各种毁灭性的战略战术武器，就连单兵配备也是五花八门。抛去火力武器，古今中外每个士兵必备的还必须有贴身的徒手格斗武器。美军的徒手格斗武器同样花样繁多。为不使士兵负担过重，格斗武器设计必须轻捷、犀利、狠毒，随手抓取，手到毙命。其中，美军装备的一款设计独特的格斗武器——手刺，更是被称为"冷兵器界的致命利器"。

手刺是以前用于近战的一种武器，一般是钢质或者铜质。在这件武器的底部是四个洞，用于套在除了拇指之外的其他四根手指上，上面是尖刺，近距离打在人身上伤害很大。手刺是把末端磨尖的金属条绞成一股后，将中央拗成圆形，再把两端弯成牛角状而成，然后握在手中使用。手刺是流传于尼罗河上游区域的格斗武器，为暗杀者所青睐。

在使用手刺的地区，有许多像这样的格斗武器存在。例如其中有被人称为"图卡南"或是"依莲迦"的同类武器，握在手中后会像匕首的利刃从拳缝间露出来。这些武器虽然都是特殊武器，却被大量使用。

因为手刺小巧精致，非常便于藏匿伪装，正因为如此才印证了它的格斗价值，所以被美国武器研发人员挑选出来成为美军的一款贴身格斗兵器。

手刺使用起来极为轻便，配置位置也非常得心应手，就在衣领附近的武装带上，不用像其他匕首一样别在腰里或者大腿上，还要摸索。只需稍稍抬手，就可抓取使用，满足了格斗务必迅捷麻利的战术要求。

手刺不像美军其他著名匕首那样还兼具指南针、锉刀、工具刀等许多用途，它就是一款赤裸裸专为取人性命的凶刃，功能单一，不过也正因为如此，单兵装备在务求精简高效迅捷的原则下，轻便精巧而又锐利致命的手刺，不失为一款优秀设计。早在一战时期，手刺就已经是美军装备，直至现在美军特种部队也依然配备有手刺。

手刺及现代警用武器装备

美国 HTM MJDPTIBH 手刺

手刺的手持状态

插入刀鞘中的手刺

NO.38　能够使大马士革刀变得锋利的原因是什么?

　　大马士革刀原产于古印度，是用乌兹钢制造，表面拥有铸造型花纹的刀具，古时作为印度、波斯、阿拉伯等国的兵器。其最大的特点是刀身布满各种花纹。这种花纹是在铸造中形成的。在过去相当长的一段时间内，大马士革刀独特的冶炼技术和锻造方式一直是波斯人的技术秘密，不为外界所知。

　　大马士革刀不仅锋利，而且装饰也是世界一流的。贵族的刀大量使用了玉石和其他宝石镶嵌，普通的刀也采用了珐琅、金银错丝等工艺。大马士革刀上有手工纹饰，嵌满黄金宝石，印度刀还饰有珐琅彩工艺。

　　大马士革刀之所以如此锋利，主要是因为其锻造方法与众不同。

　　现代科学家经过研究发现，大马士革刀独特的花纹竟然是由无数肉眼难看到的小锯齿组成的，正是这些小锯齿增加了大马士革刀的威力。大马士革钢刀上的花纹简直是人工雕琢的自然之美。因动人的传说和自身的优异性能，大马士革钢制成的刀具，成为刀具收藏界的极品。

　　近年来有一些公司采用镀锡工艺模仿大马士革钢的花纹，真正的大马士革钢又称为结晶花纹钢，是古代粉末冶金和锻造技术完美的结合，大马士革

大马士革刀

刀上的花纹基本上是两种性质不同的材料，亮的地方是纯雪明炭铁，硬度比玻璃还大，暗的地方的结构是属于沃斯田铁和波来铁，整体含碳量大约是在 1.5% ~ 2%，在韧性高的波来铁里均匀散布着比玻璃还硬的雪明炭铁，使大马士革刀上可以具有非常锋利的刀锋，而且有非常坚韧而不会折断的刀身。

现代复制的大马士革钢

　　大马士革钢的花纹和其他钢材有明显的差别，大马士革钢花纹比较细致，看起来比较自然，黑白的对比也比较大，在古代由于有在刃上喂毒的习俗，因此很多大马士革刀刃呈现黑色，在黑色的刀刃上分布着亮晶晶的雪明炭铁，古代波斯人把它形容为像夜空中的繁星一样漂亮。此外，大马士革钢比起折叠钢来不容易生锈，几百年下来不用像日本刀一样费心保养却也能光亮如新不生锈。

花纹精美的大马士革刀

采用现代技术制造的大马士革刀

NO.39　卡巴刀成为"20世纪最具代表性的20把刀之一"的原因是什么？

　　卡巴刀来自卡巴刀厂，卡巴刀厂被称为"卡巴"是源于一位猎人的推荐信函。这位猎人在打猎的途中遇到了熊，子弹用尽的他只好拿起了他的猎刀与熊搏斗，因而保住了性命。他在信上写到这把刀可以杀熊（Kill a bear），但是因为这位猎人的教育程度不高，将它写成 Kil a bar，后来又被人们缩写成 Ka-Bar（译为"卡巴"），因此"卡巴"这个名字便为大家所传诵。

　　二战爆发后不久，卡巴刀厂提交首批军刀给美国海军陆战队队员使用。军方于3年后，确认其军刀的可靠性能，并把该刀命名为"美国海军陆战格斗及多用途刀"，而其他武装部队也开始被建议采用此刀。

　　战争期间，卡巴刀厂生产了共超过100万把军刀，曾在供不应求之情况下，卡巴刀厂直接授权予其他生产商生产其他类型的军刀给各军队使用，并在刀上印上其他生产商的名称，但出厂的每一把刀也被认为是名副其实的卡巴军刀。这是因为基于它的质量和耐用性，深获许多使用者对此刀之信赖并作为日常工作之用。

由于卡巴军刀的知名度于二战后大大提高，其后在多场战役中也被积极采用，之后军方个别出于需求而再加以改进，令卡巴刀的其他型号以后军队服务中有更出色的表现。除了出名的"美国海军陆战格斗及多用途刀"外，卡巴刀厂近代刀具还有其他探险者用刀、求生刀、户外活动用刀及收藏刀等。制作一把高质量的卡巴刀需要富有经验与天赋的手工艺师进行数十道具有精确性、技巧性的操作，使每一把刀都经过精心制造，以确保耐腐蚀，强度，边控能力。

卡巴刀都有刨削刀尖、宽血槽。握柄由纯牛皮压制而成，使其不吸水且具有相当程度的防滑性，做过防霉处理。握柄底端为一圆滑的铁环，除可避免钩到或划破衣服外，亦常被当做铁锤使用。美军自二战起至今仍沿用卡巴军刀，它被誉为"战场上永远的铁血英雄"。

美国卡巴 5601 求生刀

卡巴军刀侧面特写

单手握持卡巴刀

卡巴 1217 军刀及刀鞘

NO.40　日本武士刀是如何分类的？

按时代划分

- 上古刀

通常不列入日本刀之列，指的是古刀之前的刀。以直刀为主，大刀等偶尔可见刀反。

- 古刀

指庆长以前的日本刀。室町时代中期以前主要是太刀。

- 新刀

庆长以后的刀。

- 现代刀

概指 1876 年日本颁布废刀令以后所制刀。

- 昭和刀

作为美术刀剑的日本刀范畴外的一种，是主要用于军刀的兵器用刀，有多种制法。

按形状分类

- 太刀

刀刃长度在 80 厘米以上，刀身弯度亦较高。太刀没有硬性规定的佩带方式，不过，为了方便骑兵抽刀砍杀地面上的敌人，太刀一般会以边锋朝下的方式佩带，并吊在腰带以下。日本刀都分正反面，太刀的正面是右面。铭的位置是关键，若切先上指，将刃视作刀剑的前方，太刀的铭就在刀身的右面。

- 毛抜形太刀

茎兼柄之功用的太刀，存在于由直刀到弯刀的过渡期。

- 小乌丸形太刀

从刃区到物打属镐造，锋为双刃。稍有弧度，是直刀到弯刀过渡期的一种刀。

- 打刀

一般比太刀短，刀身弯度亦较低。为求达到最快的拔刀速度，传统上刀会以边锋朝上的方式佩带，刀鞘插在腰带里。若切先上指，将刃视作刀剑的前方，铭就在刀身的左面。所以刀的正面也就是左面。按现代分类指刀刃长度 60 厘米至 80 厘米的刀。

- 胁差

又称胁指，指刀刃长度 30 厘米至 60 厘米的刀。 短刀桅刀刃长度在 30 厘米以下的刀。另外，30 厘米以上但是没有刀反的平造制法制成的刀，通称寸延也常被归为短刀。

日本太刀

日本胁差

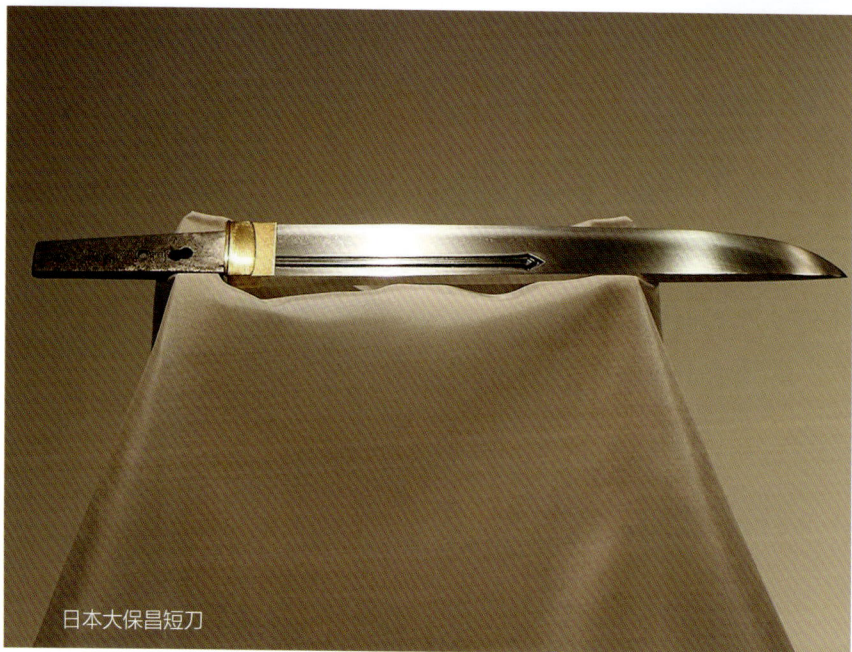

日本大保昌短刀

保存在博物馆中的日本武士刀

NO.41 一把好的求生刀需要具备什么特点?

求生刀通常作为特种部队在野外使用的小刀,可以砍树枝开路,劈柴点火,制作生存工具。一把好的求生刀有如下 5 个特点。

碳钢材质

刀子的材质最好是碳钢。因为碳钢与不锈钢对比的话,除了容易生锈几乎没有其他任何缺点。其实,不锈钢也不是百分之百防锈,只是生锈速度比碳钢慢而已。然而,不锈钢刀具的其他缺陷在野外往往是致命的:要么太软,要么太脆、容易断裂。碳钢却有极其优秀的强度、硬度和韧性,切割能力更是出众,也非常容易重新打磨锋利。

全龙骨结构

刀柄和刀身一体化的全龙骨结构，是对刀具强度的最佳保证。

水滴形刀尖

水滴形刀尖的优势在于容易打磨，其次，这种刀尖形制对切削或者钻孔等工作都十分便利。

开刃方式为平磨或凸磨

平磨的刀刃适合切削；凸磨的刀刃（刀身平面外凸）有着最佳的强度，劈砍时不易崩刃。相比之下，凹磨的刀具强度就很低了，不适合作为求生刀使用。

单边开刃，没有齿刃

首先，刀刃上带齿，非常不利于切削木头，而且用钝了很难重新打磨。其次，刀背上带齿，更是锯不动木头，因为刀子厚度的关系，而且很容易伤到自己，也不利于用敲打刀背的方式劈木材。

现代制造的求生刀及刀鞘

瑞典福克尼文 A1 生存刀

美国戈博 LMF Ⅱ Infantry 生存刀

瑞典福克尼文 F1 生存刀

NO.42　常见的铸剑材料有哪些？

一般冷兵器所使用的钢材是以下 5 种。

- 铬钢

铬钢是指含铬的合金钢，这种钢质地坚硬，耐磨，耐腐蚀，不生锈，具有较高的抗氧化性和耐蚀性。为了适应不同的使用环境，常加入其他元素如钼、钒、钨、钛、铌、硼等元素。

- 锰钢

锰钢是一种高强度的钢材，主要用于需要承受冲击、挤压、物料磨损等恶劣状况条件下，破坏形式以磨损消耗为主，部分断裂、变形。高锰钢是典型的抗磨钢，铸态组织为奥氏体加碳化物。经 1000℃ 左右水淬处理后组织转变为单一的奥氏体或奥氏体加少量碳化物，韧性反而提高，因此称水韧处理。

- 碳钢

碳钢是含碳量在 0.0218%~2.11% 的铁碳合金。也叫碳素钢。一般还含有少量的硅、锰、硫、磷。一般碳钢中含碳量越高则硬度越大，强度也越高，但可塑性较低。

按钢的质量可以把碳素钢分为普通碳素钢（含磷、硫较高）、优质碳素钢（含磷、硫较低）、高级优质钢（含磷、硫更低）和特级优质钢。按含碳量可以把碳钢分为低碳钢（WC ≤ 0.25%），中碳钢（WC0.25%—0.6%）和高碳钢（WC>0.6%）。按脱氧方法可分为沸腾钢（F）、镇静钢（Z）、半镇静钢（b）和特殊镇静钢（TZ）。

- 弹簧钢

弹簧钢指的是制造各类弹簧及其他弹性元件的专用合金钢。按性能要求、使用条件可分为普通合金弹簧钢和特殊合金弹簧钢。弹簧钢具有优良的综合性能、优良的冶金质量（高的纯洁度和均匀性）、良好的表面质量（严格控制表面缺陷和脱碳）、精确的外形和尺寸，通常被用作户外刀的制造材料。

- 花纹钢

花纹钢是用来制作宝刀、宝剑一类名贵器物的带有花纹的钢。花纹钢是最原始形态的复合钢，是通过半熔化方式，利用叠打、热锻或热轧、冷轧及加工成形工艺，控制材料内部密度与结合处碳量，达到钢材内部不同大小颗粒的结晶体的熔合。由于内部密度、碳含量的不同，实现不同层次的化学性能和机械性能的不同，从而形成有内部性能差异性的复合式结构。

花纹钢的花纹形态有如流水，有似彩云，或像菊花，或类似木纹等。欧洲人说的"大马士革钢"、俄国人说的"布拉特钢"，以及古时由波斯传入中国的镔铁都属于花纹钢。

碳钢材料制成的刀具

从电弧炉倒出来的白热钢

由碳钢制成的刀具

英国的一家炼钢厂

NO.43 军刀与普通刀有哪些区别?

军刀作为军队中军人特殊的冷兵器,与其他刀具有明显的区别。就算是私人使用得再好的匕首或者刀具,其实也不过是在造型和材质上比较好,但是相比于正式生产出来供士兵使用的军刀而言,还是相差太多。

第一个就是精巧度。要说军人在使用军刀的时候,往往都是不便于用枪支的场合,那么能否利用军刀完成原有的任务,对于这把军刀的性能和精巧程度是一个极大的考验。而好的军刀都是在精巧程度上有着多次实验和精准测量的,在使用的时候并不会出现什么大问题。对于追求严谨与效率的军队而言是很实用的。瑞士军刀作为世界知名度最高的军刀,在精巧度方面是很看重也很仔细的。

第二个就是功能性。需要使用冷兵器的场合大多十分艰苦且危险，能不能用冷兵器顺利求生就是考验一种兵器的水平。这也是军刀最为关键的要素，就是能够适应危险复杂的环境。

瑞士一款名为"巨人"的军刀就是全球最出名也是功能性最齐全的军刀，一把军刀集141种功能于一身，会有不小的体积，所以这把军刀被称之为巨人。巨人军刀的使用场合也很多，特别是在野外等比较艰苦的环境下，这把军刀就可派上了用场，不管是需要砍一些树枝还是剪断不合理的枝蔓，都是非常好用的，当士兵隐藏在草丛中的时候，也能够及时地按照自己最佳隐蔽位置来修整周边的地形。

除了这些，军刀在使用的时候也很对得起军刀的名号，轻而易举就能使用各种功能，不管敌人处在什么方位，都可以找到对应的功能来进攻。其实相比于现代科技下迅猛发展的枪支和高科技武器，冷兵器反而更加考验匠人的精神和在特殊情况下的应对能力，因为冷兵器并不需要太多的外力加持就可以使用，合适就可。

现代美军仪队军刀

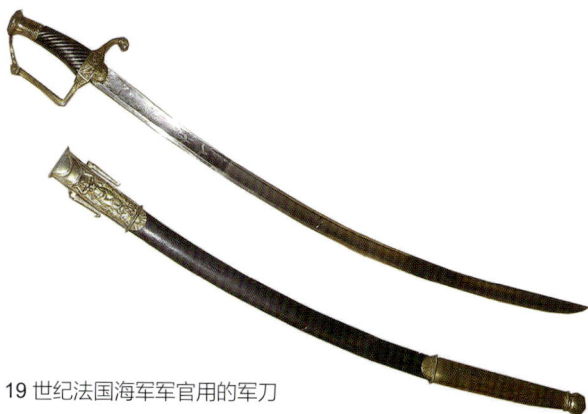

19 世纪法国海军军官用的军刀

手持军刀的英国轻骑兵

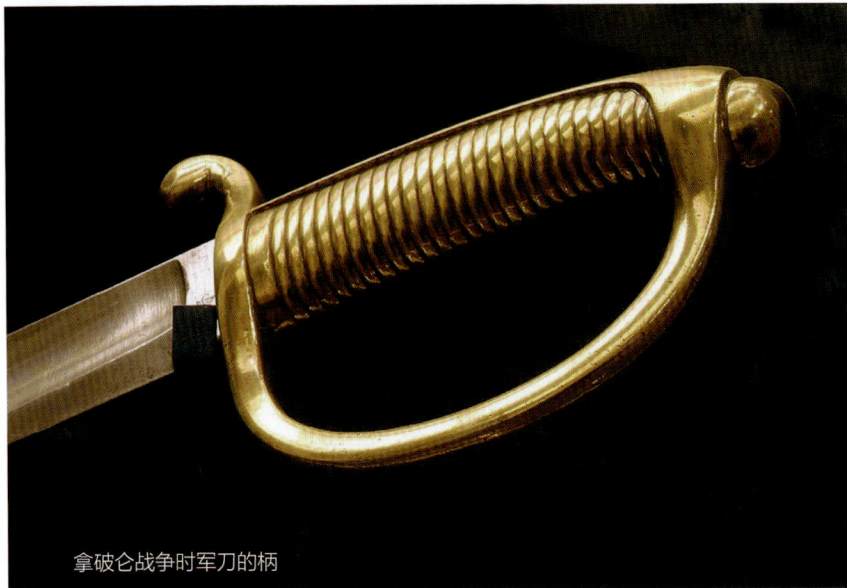

拿破仑战争时军刀的柄

NO.44 如何保持刀剑等冷兵器刀刃的锋利?

锋利的刀刃，可以顺利地切割。保持锋利并不难，只要根据刀具所要求的磨刀角度，采用质量较好的磨刀器打磨即可。通常磨刀角度在15度～25度，需注意不要从背面打磨带齿刀刃，最好用齿刃磨刀器。打磨时要两面同样次数，保持同样角度。

使用打磨钢是一种很好的保养刀具的方法，经常使用可以保持刀刃锋利。有专家建议，应该在频繁使用刀具的时期经常打磨，至少在每次使用前后打磨一次。事实上，打磨钢并不是真的将刀刃磨利，而是校正和清理刀具的刃缘。

一根最基本的打磨钢是一根带柄的金属杆，上面分布着直条的细沟。而更好的打磨钢经过磁化处理，能吸引刀具的分子使之重新排列成一条直线。刀具和打磨钢摩擦后，可以得到矫正，并能够去掉一些细微的划痕。未经磁化的陶瓷打磨钢同样有此功效。而钻石打磨钢也正作为一种新的潮流在刀具界流行起来，其表面覆盖着一层单晶体钻石，它具有和传统打磨钢同样好的效果，但比传统打磨钢更加耐用，更加轻便，打磨速度也更快。

　　使用打磨钢时，将刀锋以 20 度角接触打磨钢的顶端，然后轻轻地将整个刀锋划过整条打磨钢至底部，就好像正用刀切下一片打磨钢似的。每次正、反各一次交替打磨，使刀锋两面能被打磨均匀。一种简单方法可以判断是否已打磨好刀具：用拇指分别沿着刀锋两面轻轻摸过，如果两面的感觉是一样的，则说明刀具已经打磨好了。如果某一面摸上去比另一面略为粗糙，那么轻轻地将这一面再次打磨，每打磨一次再对比，直到两面感觉一样为止。

经过打磨后的刀具能拥有非常优秀的锋利度

现代蝴蝶 67 甩刀刃部特写

士兵配备的战术折刀与战术手套

锋利的刀具能轻易对树木进行劈砍

NO.45　现代格斗刀的主要功能有哪些？

　　格斗刀就是搏斗使用的刀具。格斗刀是野外战术的一种工具，制作有严格的要求。常被用来户外或者野外生存所用，同时也被军人所喜好，格斗刀具有切、割、刺、砍等功能，可以最大限度地发挥刺的优势。

　　格斗刀的功能不外乎切割刺砍，刺就是最致命的攻击方式。但是如果只是一味地讲究刺，要刺中不断移动的敌人，不是那么容易，因为刺要想真正发挥作用，必须有效结合划这种攻击方式。

　　划很容易击伤敌人，但是如果不是划伤咽喉或者动脉等要害的话，很难致命，所以划的主要作用就是干扰破坏敌人的战斗力，通过划伤敌人的腹部使敌人的肠子掉出，使敌人惊恐；或者划伤敌人的手腕。或者划伤敌人的腿部，使敌人的移动明显削弱，从某种程度上说，划是给更加致命的攻击创造条件，或者说划是为刺做铺垫。

　　现代格斗刀不一定以刺杀为唯一功能，有些还具有锯子、铁丝钳、锤子等功能，可以满足其他需求，比如兰博刀就是多功能格斗刀的代表。

　　兰博刀以其剽悍的外形，强大的功能，吸引了众多热爱冷兵器的军事爱好者。刀身造型适合于切割、劈砍、突刺，刀背有粗大而强悍的双层大背齿。刀锋十分精细和锋利，护手二端特制成十字和一字起子，可以用于旋拧螺丝。手柄为无缝不锈钢管，中空全钢用细绳绑捆，握手坚实防滑；螺母式护手固定方式（非焊接方式），保证手柄和刀身的牢固可靠。柄内配有多种生存附件：火柴、鱼钩、鱼线、指北针等，柄后尾尖锥形锤可用于大力敲击，还开有穿绳孔。并且兰博刀大部分使用黄色皮革作为刀鞘，使它看起更加硬朗，也轻便了许多。

美国树人公司设计的"野兽"战斗刀

德国索林根 KM 2000 战斗刀

现代军队配备的战术匕首

美国哥伦比亚河 2017 半齿格斗刀

NO.46 环首刀上的刀环有什么作用？

环首刀是由钢材经过反复折叠锻打和淬火后制作出来的直刃长刀，是当时世界上最先进、杀伤力最强的近身冷兵器，也是人类历史上具有非凡意义的一种兵器。

环首刀最早起源于我国商周时期。相传春秋战国时期，铸剑大师欧冶子拉开了制造中国冷兵器的序幕。各个诸侯国的君主为了扩张领土，逐渐扩大了对冷兵器的需求。为了适应军事作战的需求，春秋战国时期陆续生产了铁制的兵器。

环首刀作为一种冷兵器，经常被用于军事作战中。为了增强持刀者与刀柄的摩擦力，于是铸剑者在环首刀上设计了刀环。力的作用是相互的，持刀者手拿环首刀劈砍对方时，会使手腕和虎口产生反作用力。在这种情况下，持刀者很有可能使刀剑脱手而造成不必要的伤亡。

为了避免这一情况的发生，铸剑者在刀剑上设计出了刀环。环首上大多用丝线和绸缎布匹缠绕。等到士兵上阵作战之前，他们也会将环首缠在手腕部，即使刀剑脱手，由于手腕处和环首刀相连，士兵们也不会失去手中的兵刃。

除此之外，环首刀的刀环还有保护持刀人安全的作用。刀柄下方用了棉麻丝线进行缠绕。如此一来，既能保护持刀人的安全，又能增加手和刀柄的摩擦力，双方打斗时，更有利于紧握刀柄，进而强有力地攻击敌人。环首刀诞生之后，被广泛用于作战中。正因为环首刀具有诸多优点，所以才深受后世的推崇。

环首刀与刀鞘

保存在博物馆中的青铜环首刀

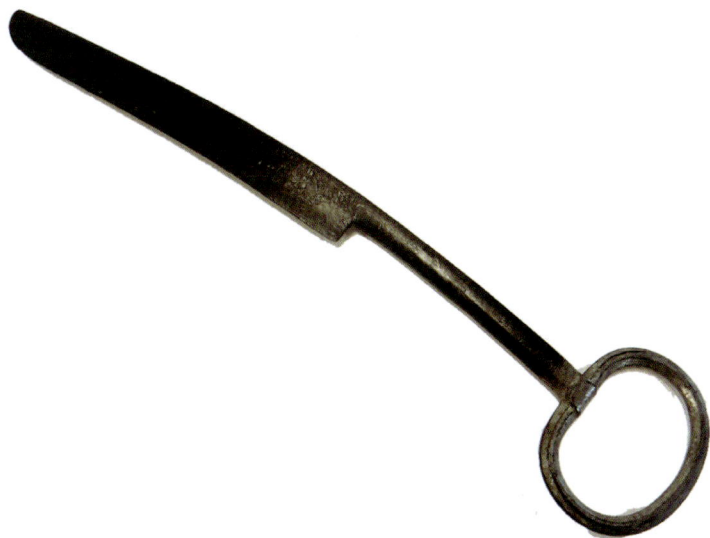

经过修复的环首刀

汉代环首刀

NO.47 弓弩有哪些类型？

传统弓

传统弓主要包括单体弓和角弓。

1）单体弓

早期的弓通常只用一种材料制作（除弓弦外），因此被称为"单材弓"，又叫"单体弓"。单体弓主要流行于欧洲，如英格兰长弓。由于欧洲单体弓弹性差，拉弓长度与弓体长度之比低，因此弓长较长，使用者必须有强健的体魄，经过长年累月的训练和实践。亚洲单体弓的代表是不丹竹弓、日本和弓。其中日本和弓是用单体材料采用层压的方式制作而成的。

2）角弓

公元前 1500 年，亚洲地区出现了"混材弓"，即"复合弓"（与现代复合弓不同）。这种弓主要用动物角、竹木、鱼胶和牛筋制作，因此也被称为"角弓"。从地域上看，主要流行于亚洲，其具有代表性的是土耳其角弓、鞑靼角弓、匈弓、清弓等。中国古代的弓主要是角弓，其种类繁多，如春秋战国时的王弓、弧弓、夹弓、庾弓、唐弓和大弓 6 种；汉代分虎贾弓、雕弓、角端弓、路弓、疆弓；唐代分长弓、角弓、稍弓和格弓 4 种。由于根据不同位置的受力需求不同分别使用了相应的最佳材料，古代复合弓的效率远高于古代单体弓。

现代弓

现代弓主要包括滑轮弓和层压弓。

1）滑轮弓

滑轮弓是现代复合弓的俗称，由现代复合弓大多运用了滑轮变力来达到省力的目的而得名。目前，滑轮弓包括 4 种不同的滑轮系统：单轮滑轮系统（single cam）、混合轮系统（hybrid cam）、双轮滑轮系统（twin cam）、二元滑轮系统（binary cam）。

单轮滑轮系统的结构是一个单轮（堕轮）在弓的上部，另一个椭圆形状、提供能量的滑轮在弓的下部。比起双轮弓来说单轮系统通常比较安静，而且便于维护。由于单轮系统中圆形的堕轮和椭圆形动力轮之间是不能同步转动的，因此从理论上讲单轮系统很难提供一个平直的箭道（仍有争议）。另外，

现代弓使用的单轮滑轮系统

　　这种滑轮系统不易"平衡"（指速度快和手感好之间的平衡），要么箭速很快但难以掌握，要么手感很顺但箭速慢，要调整出满意的效果需要花不少心思。目前市场上销售的大多数复合弓产品都采用单轮系统。

　　混合轮系统最大的特点就是由两个形状不一致的椭圆形滑轮系统组成。上面的滑轮称为控制轮，下面的滑轮称为动力轮。从理论上来讲，混合滑轮系统即使没有同步的上下轮转动，也能有和双轮系统一样的平直的箭道。而且能够发挥最佳的性能。

　　双轮滑轮系统是由两个完全一样的圆形滑轮或者椭圆形滑轮上下搭配组成的。从理论上来讲，这种滑轮系统上下轮完全同步转动，能够提供最平直的箭道，最好的准确度和速度。这种滑轮系统的主要缺点是噪音较大，在拉满弓的时候停止的感觉也不明显。

二元滑轮系统实际上就是一个修改过的三凹槽双轮系统，它比其他的系统更能让滑轮发挥效用。这种滑轮系统只有两根连接上下轮的控制弦，达到了一种让上下滑轮"自由浮动"的平衡状态。在拉弓的时候，二元滑轮系统能够在上下轮之间自动平衡，修正了弓翼偏斜等问题对箭矢的影响。

2）层压弓

层压弓大致可分为现代层压弓、仿古层压弓二种。其采用高强度、高弹性的合成材料（玻璃钢片、碳纤维片）和竹木用黏合剂黏合在一起，射箭比赛中常见的反曲弓就是层压弓的一种，它使用铝合金等金属材料制造弓把。现代层压弓的代表有黑寡妇、熊弓等，仿古层压弓的代表有 Grozer 和卢卡斯等。

弩的类型

现代弩主要分为反曲弩和复合弩。一般来说，反曲弩结构简单、坚实耐用。而复合弩的结构比较复杂，需要一定的研发技术，因此制造复合弩的公司通常都实力雄厚。

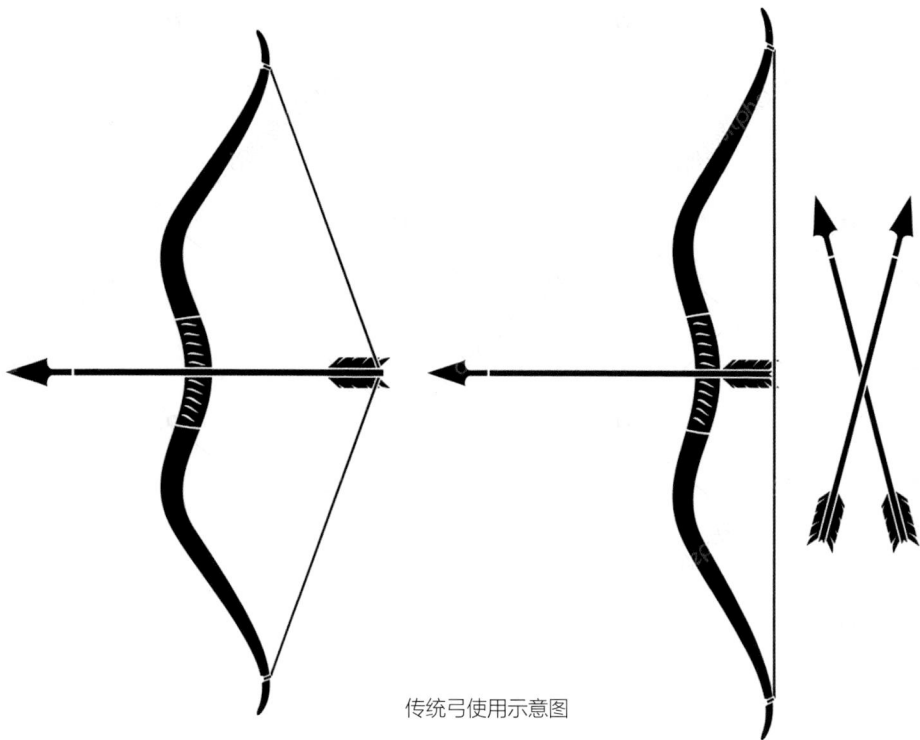

传统弓使用示意图

日本江户时期的弓和箭

美国 PSE "精英" 弩

NO.48 军刀的硬度定义？

军刀的硬度定义在制刀界有一个重要指标，那就是"硬度"，最常用的指标有 3 种：洛氏硬度、布氏硬度和维氏硬度。

- 洛氏硬度

规定的外加载荷下，将钢球或金刚石压头垂直压入试件表面，发生压痕，测试压痕深度，利用洛氏硬度计算公式 $HR = K-H/C$ 便可计算出洛氏硬度。简单说就是压痕越浅，HR 值越大，材料硬度越高，可用 HRC 来表示。比方 HRC60 即代表在试验载荷为 150 千克下，使用顶角为 120 度的金刚石圆锥压头时，试件的压痕深度为 0.08 毫米。

- 布氏硬度

用一定直径的淬硬钢球，一定的载荷作用下，压入试件表面，停留一段时间，然后除去载荷，丈量压痕的面积，压痕越小表示抵抗可塑性变形能力（即硬度）越大，压痕越大硬度越小，用 HB 来表示。

- 维氏硬度

利用顶角为 136 度的金刚石四方角锥体作压头，一定的载荷下压入试件

二战时期日军使用的军刀

表面，留下方形压痕，根据对角线的长度，即可查出硬度值，用 HV 来表示。一般都是用洛氏硬度来衡量刀刃的硬度，也就是 HRC 值，通常一把好刀的刀刃硬度应在洛氏威尔硬度 50 以上、60 以下。简而言之，硬度越高，抗磨损能力越高，但脆性也越大。即使时至今日，钢铁材质的刀剑仍然有一个先天的矛盾的问题难以克服，那就是硬度与韧性的取舍，钢铁中所含的碳素，经过淬火（急冷）后，来不及扩散转移，被强制地限制在铁原子的晶格之间，造成了原子晶格的畸变，破坏了平衡状态下碳的分布，当碳含量达到一定水平时，就产生了一种硬而脆的组织，资料学中称之为马氏体组织，随着碳量的增多，脆性增大，影响刀剑挥砍时的耐冲击度，若要保持钢材的韧性，却得牺牲它的硬度，如此一来，刀口将不够锋利，甚至会在劈到硬物后翻卷，这种硬度与韧性的不可兼得，是古今中外所有刀匠一致面对的最大难题。

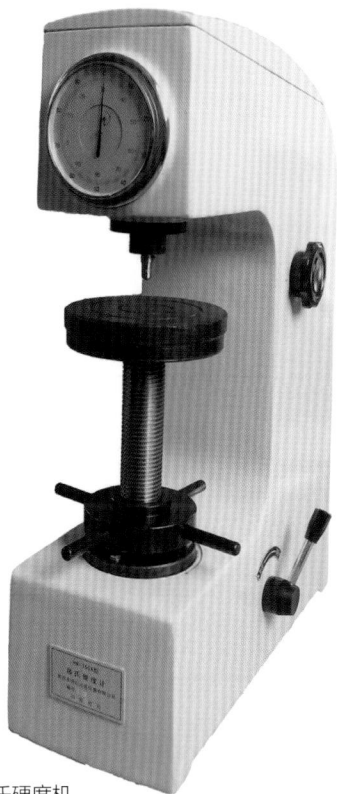

洛氏硬度机

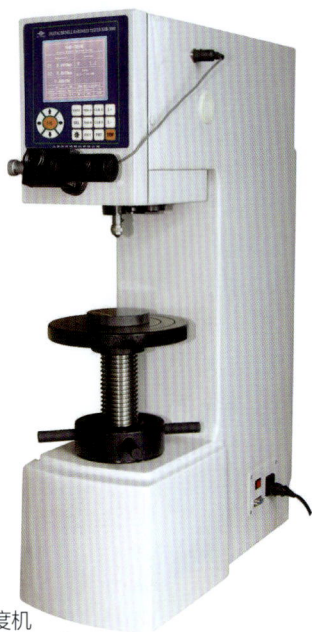

布氏硬度机

维氏硬度机

NO.49 曾让美国海军都害怕的斐济掷杖究竟有多厉害?

斐济掷杖是硬木材质，球形的头部以一个普通的浅圆拱顶为中心，沿着圆锥形的轴，向底伸出带有垂直条纹的锯齿状柄，总长 37 厘米。

这是一种被广泛使用的武器，通常是被卡在腰带上的，有时是成对的，这是一种非常精确的投掷工具，以前是暗杀的首选工具。虽然这种武器的中文名称（音似"智障"）有点让人啼笑皆非，但在美国海军武器专家 w. 布里斯科 (W. Briscoe) 的日记中，却生动地描述了这种投掷式权杖的可怕威力，并记载了 1840 年在马洛洛海滩上安德伍德中尉被杀害的故事："当安德伍德遭受攻击时，他快速射击并成功杀死了两名当地土著，但当他稍后退两步时，却被不知从何处飞来的掷杖击中了头部。这一击虽未致命，但却夺走了他略占上风的优势，他摔倒在及膝的水里。两个土著迅速冲上来，短短几秒钟就结束了他的生命。"

有人描述这种掷杖："这是一种用手投掷的远程武器，瞄准目标后（通常为敌人的头部）掷出，在空中的快速旋转使攻击效果加倍。在斐济定居的人都认为，这是他们在与斐济人作战时，唯一十分害怕的本土武器。"

斐济掷杖

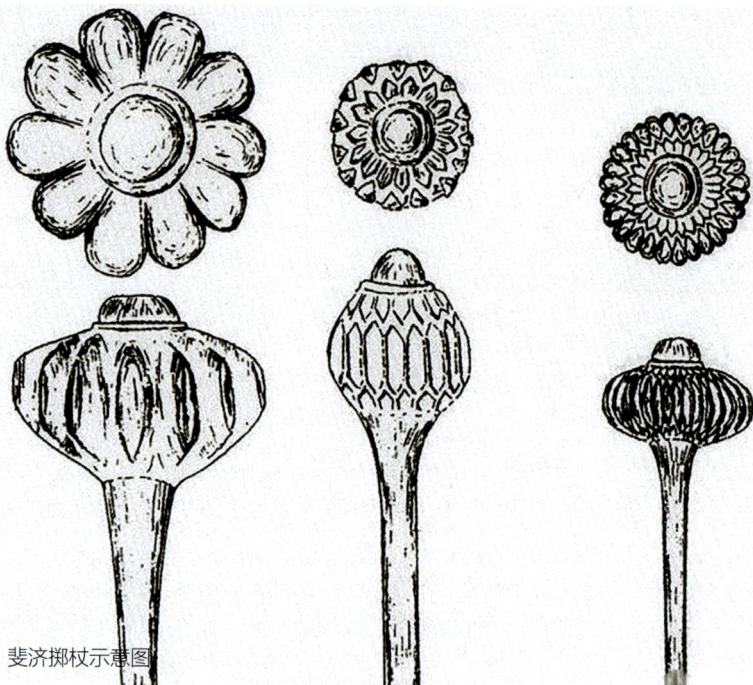

斐济掷杖示意图

斐济掷杖的球形头部特写

不同掷杖的类型

NO.50　冷兵器时代，兵种与武器哪个更重要？

　　美国军事史学家阿彻·琼斯对冷兵器时代主要兵种的优劣势以及相互制约关系提出了一套很有解释力的战术理论。古典时代到中世纪的野战战场上有 4 个基本兵种，（重）步兵、重骑兵、轻步兵（弓弩手）和轻骑兵（弓骑兵等）。

　　在地势平坦的战场上，阵型紧密的重步兵（尤其是长矛兵）可以瓦解重骑兵的正面进攻，但无论面对弓弩手还是弓骑兵的箭雨，都缺乏足够的防御能力。重骑兵的速度和防护能力可以轻易突破轻步兵的箭网，给后者以毁灭性打击，但面对机动性更优的弓骑兵，重骑兵通常只会被动挨打。在射击对

现在作为礼仪用途的法国骑兵

抗中，弓箭手的发射速度和精确性明显优于弓骑兵。重骑兵对于重步兵队形的侧翼和后方有压倒性优势。

轻骑兵和轻步兵远程射杀敌人是优势所在，但必须打完就跑，否则被重骑兵或重步兵追上近身作战，凶多吉少。

公元前 490 年的马拉松战役，雅典重步兵对阵以弓箭手为主的波斯军队。雅典军两翼步兵冒着箭矢慢跑冲锋，进入对手射程内开始加速。雅典人的长矛进攻借助巨大的冲击力，犀利无比，很多波斯弓箭手被连人带盾刺穿。希腊人的中路力量薄弱，但两翼成功突破后，与前者一起夹击波斯军的中央方阵。此役波斯军阵亡 6400 人，雅典军不到 200 人。

合理的兵种组合是取胜的重要因素。优势兵种打击劣势兵种，能以较小代价在战斗中获胜，反之必败无疑。1298 年福尔科克战役的苏格兰主力兵种是长矛步兵，其他兵种数量很少，但英格兰除了基本的步兵，还有远程杀伤力极强的长弓手，以及冲击力和机动性兼具的重骑兵，华莱士再有才华也很难逆转这样的内在差距。1314 年的班诺克本战役，苏格兰国王罗伯特一世手里可打的牌就多了，除了勇猛的长矛兵，还有一支 700 人的精锐重骑兵。正是这支骑兵迅速冲散了英格兰的长弓手，保住了苏格兰几乎失掉的胜利果实。

地形对不同兵种扬长避短有着极其重要的影响。公元前 53 年的卡莱战役中，帕提亚轻重骑兵的威力之所以能发挥得淋漓尽致，是因为战役发生在

适合骑兵机动作战的平坦沙漠上。亚美尼亚国王曾建议克拉苏取道亚美尼亚直接进攻帕提亚的首都泰西封，沿途经过的都是山地，不适合帕提亚骑兵机动，但傲慢无知的克拉苏执意横穿美索不达米亚沙漠地带。森林地区是比山地更不利于骑兵作战的地形，在进攻叙利亚时，帕提亚人曾试图砍光目标城市周围的所有树木，最终不得不放弃扩张。

除了天然的地理优势，还可以人工制造出有利的地形和防御工事。1385年的阿尔茹巴罗塔战役，葡萄牙与其盟友英国联合抵抗西班牙卡斯蒂利亚和法国军队的入侵。葡萄牙人在战场上挖掘了很多壕沟和坑穴，英国长弓手和葡萄牙十字弩手就躲在壕沟里射箭，遍布的坑穴令敌军不是绊倒就是落入陷阱。通常情况下相对弓弩手的优势兵种——法国重骑兵，以及卡斯蒂利亚的标枪轻骑兵和步兵均遭重创。英国人在百年战争期间（1337—1453年）经常使用这种战壕和陷阱战术。现代考古发现，阿尔茹巴罗塔古战场的坑穴每个有 0.9 平方米，相距 0.9 米，分布在 180 米宽、90 米纵深的扇形阵地中。

冷兵器时代不同国家武器装备水平的差距或许没有现代战争那么显著，却也足以改变兵种间的克制关系，左右战事走向。影响一场战役的因素是复杂多样的，经典意义上的兵种相克、灵活的兵种组合、有利地势、武器装备都可能成为决定性力量，但上述因素的综合运用和卓越执行离不开战场上的主角——统帅和士兵。

普鲁士的燧发枪步兵

冷兵器时代进攻的步兵

19 世纪的法国胸甲骑兵

NO.51　颈刀具有哪些特征？

颈刀作为贴身刀，具有在狭窄空间出刀迅速的优点，因此通常被认为是最后一道防线。颈刀的设计初衷是减少刀鞘的遗失，但这并不是它最大的优点。它最大的特点在于虽然紧凑小巧，却能轻松应对各种需求。

颈刀是一种通过穿绳而悬挂在颈部的小巧的刀具。可以是天然的或是合成材料的绳子，野外多采用伞绳或皮质材料。甚至可见珠串和球链做的绳子，例如军用挂牌链子那样的材料。

选用的鞘材一定要适合刀具，一些制造商倾向于使用磁性的合成护套而不是皮革，在保证紧紧锁定的同时又可以快速地插拔和使用，非常方便。

颈刀通常是单刃的，使用时一手握鞘，另一手将刀拔出，顺着臂膀的力道就可以进行有效的攻击，可以说实用性是很强的。

沃特·布兰登 M2 颈刀是由美国沃特·布兰登（Walter Brend）刀具公司设计生产的一款颈刀，也是著名刀具设计师沃特·布兰登的代表作品之一。

沃特·布兰登 M2 颈刀采用 DLC 黑色镀膜刀刃，手柄为镂空设计，这种设计方式有效地减轻了整体重量。DLC（Diamond-like carbon）是一种由碳元素构成，在性质上和钻石类似，同时又具有石墨原子组成结构的物质。它硬度高、弹性模量高、摩擦因数低，并且耐磨损，很适合作为刀具耐磨涂层。

冷钢 39FK 双指颈刀与刀鞘

美国沃特·布兰登 M2 颈刀

冷兵"狸尾宽刃"迷你颈刀

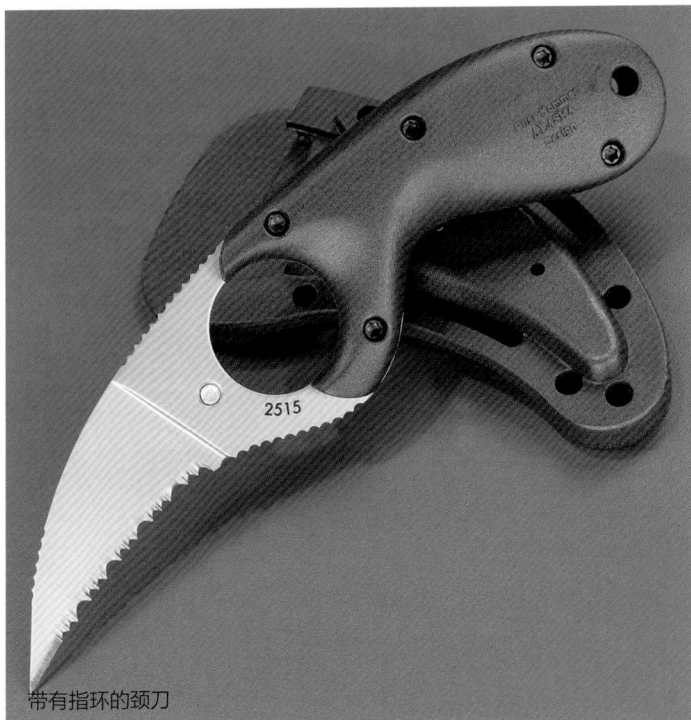

带有指环的颈刀

NO.52 冷兵器战争有什么特点？

人类的战争主要有 3 个阶段：人类与野兽之间的战争；冷兵器作战时代；热兵器作战时代。

在人类的远古时期，人类的主要敌人还不是人类之间的争斗（可能为了争夺食物也会发生混战），而是和大型食肉动物之间的搏斗，作为大型食肉动物的捕捉对象，人类必须设法摆脱这一类动物的捕捉行为；同时，人类在捕获较大猎物之后（特别是大型草食性动物），还要设法避开大型食肉动物的掠夺。火的发现和使用，基本扭转了人与动物之间战争的不利局面，并加速了人类向更智慧方向的进化。这一阶段的结束实际上是另一阶段的开始，当绝大多数动物对部落不构成威胁的时候，部落之间的相互威胁便产生了，从此，以冷兵器为战争工具的时代开始了。人类的文明史，大多数时间是冷兵器作战的历史，一直延续到工业革命时期，利用枪炮等武器不紧密接触便可大规模杀伤敌人时，热兵器时代才来临。

在冷兵器时代，战役基本由冷兵器完成。冷兵器的作战特点基本决定了这一战争形式的作战特点。

- 以近距离作战为主，作战空间小
- 交通不发达，通信困难，不能及时了解战场情况
- 难以了解敌方作战思路
- 受气候环境等自然因素影响较大
- 劳民伤财，战士伤亡率高
- 胜负的关键主要取决于士兵的意志、体能、兵器、战术、战略

欧洲冷兵器作战

17 世纪中期至 18 世纪中期的西方步兵

冷兵器战争时期欧洲的士兵作战装备

战场上士兵进行激烈的战斗

☞ NO.53 现代军队用的战术刀选择有什么要求？

　　"战术刀"被广泛地用来描述各种各样的刀具类型，但这个术语实际上是指专为自卫和军事应用设计的刀。战斗刀的设计通常有多种不同的用途，战斗刀是纯粹的实用性工具，而且它们的外观通常看起来非常坚固。战术刀可以根据使用的目的选择直刀或折刀，选择战术刀的第一步是弄清自己是想要直刀还是折刀，然后找自己喜欢的刀片长度、刀片设计类型，最后需要考虑的是刀片的钢材、刀柄的设计和制造材料。

使用战术匕首的士兵

- 直刀与折刀的选择

直刀大多会选用一个完整的龙骨，贴上贴片或缠上伞绳，以防止用户的手意外向前滑到刀片上，在危险的情况下能够自卫。直刀的龙骨可以延伸到手柄上，在本质上，直刀比折叠刀更强，但是，直刀携带起来比折叠刀更加烦琐，难以隐藏。

战术折叠刀通常使用自助开启机制，因为折叠刀不能使用完整的龙骨，没有延伸至刀柄的龙骨，它们不像直刀那样坚固。然而，由于大多数折叠式战术刀的尺寸较小，能够很容易地装在裤子口袋中，与直刀相比，它们更方便携带并且更容易隐藏。

- 刀片长度

战术刀的刀片越长，使用者的防御距离就越远，也更容易达到目的。但相反的是，战术刀片越长，整个刀的重量也越重。这意味着在近距离使用和携带更难，较长的刀片也难以隐藏。

较短刀片的战术刀很容易近距离使用，以有效地利用它来进行自卫。刀片较短也就更轻，使用挥舞起来速度更快，更容易隐藏。通常来说，直刀的刀片更长，折叠式战术刀的刀片较短。较长的刀片在自我防护方面效果更好。

- 刀片钢材

所有的刀片钢材无非是碳钢和不锈钢两种类型之一，每种刀片钢材都有各自的优点和缺点。选择战术刀片钢材的两个最重要的决定因素是其强度和韧性，另外还要考虑钢材的耐磨性，这是衡量其保持边缘能力的一个标准，耐磨性通常和其洛氏硬度直接相关。

使用 Rockwell C 的字母 HRC（例如 58-59 HRC）。较低的数字表示较软的钢材，较高的数字则是指较硬的刀片钢材。

高碳工具钢比不锈钢刀片更强韧，而且由于钢材中缺乏碳化铬，它们更容易磨削。不过，缺点是，他们不会像不锈钢那样防腐蚀，所以在使用之后要注意维护，以防腐蚀。不锈钢刀片钢不像高碳普通刀具钢那样坚固或坚韧，而且它们往往难以打磨。

- 手柄设计

选择符合人体工程学手柄设计的刀具非常重要，该刀具的尺寸要适合使用者的手，并且根据使用者感觉最容易握持的方式，尝试着抓握，并感受舒适度如何。

- 手柄材质

当选择一把战术刀时，手柄的材料类型应该是决策点的最后一部分。刀柄材料可以分为两类，一类是自然处理材料，包括鹿角、天然木材；一类是合成处理材料。大多数天然手柄材料的外观非常漂亮，也非常坚韧。

大多数天然手柄材料会吸收水分，最后会坏掉。大多数合成手柄材料坚韧，而且不受水分的影响，不会破碎和开裂。还有手柄材料中存在的纹理问题。例如，平滑的手柄在潮湿的情况下，使用者在使用时更容易在手中扭曲或滑动，因此，大多数战术刀的手柄表面都会添加某种纹理，以提供更坚实的抓握力。

士兵也有装备长匕首作为武器

现代军队士兵常用的作战装备

战术直刀也是现代军队的配备武器之一

NO.54 美国的蝴蝶刀具经历了哪些演变？

蝴蝶刀具公司和其他大多数公司一样，蝴蝶公司起步之初面临过缺乏资金和大型计划的困难，只能使用二手的设备和有限的资源维持生产。

不久，凭借创业者的坚韧与不灭的激情，蝴蝶刀具逐渐走向成熟，初显繁荣。当产品线达到可以自行设计生产的水平时，公司开始引进了新的设备和技术，包括第一批激光设备，这使蝴蝶刀具成为美国第一家拥有这些设备的刀具厂商。开放的观念和务实的态度，引领公司在以后数年的数个行业内成为首创。

蝴蝶公司突破性地将非传统材料和现代制造方法引入刀具行业，开创了一个新的领域，不仅把刀做得更好，而且不可避免地做出更高层次的刀具来。

蝴蝶刀有着很多含义。完全闭合时，象征着"和平"。半开时，它表示祖先的3个地理区域。完全打开时，意味着"战斗"。

早期的蝴蝶刀是以一些随手可得的材料制成的，与日本刀比起来显得非

美国蝴蝶 551H20 潜水刀

常粗糙。而蝴蝶刀也并不需要像日本刀那样刺穿厚厚的甲胄。处在热带气候之中，蝴蝶刀的目标通常是近乎赤裸的人体。

　　刀身的横截面和外形多种多样，因此严格说来刀身的选择是由个人自己决定的。一旦熟知了蝴蝶刀的运转方式，就可以进一步改用改良的剑形刃或鹰嘴刃。生存主义者及使用刀具防卫的格斗者更喜欢这种刃型，原因是两面都可以用来切割。买这种双刃的蝴蝶刀时一定要注意，要想安全地使用它，必须拥有炉火纯青的技巧。

　　刀柄的好坏是由它是否切合使用者的手形所决定的。切合度越好，越容易使用及操练。嵌入材料也是一个决定因素，虽然收藏者认为象牙嵌入只是提高了它的价值。现在最流行的是轻型镂空手柄。这种手柄不仅更轻，也提供了更好的握持，就像轮胎上的防滑纹一样。至于轻型手柄的外观保养，只需用擦光轮去除掉划痕和缺口即可。实心一体手柄或无嵌入件手柄在防卫中也比较实用，不必担心嵌入件会突出或破裂。

蝴蝶 375BK 战术直刀及配件

美国蝴蝶 530BK 战术折刀

美国蝴蝶 178SBK 匕首

NO.55　安大略刀常用的钢材有哪些?

安大略作为世界上最知名的军刀供应商,刀具素来秉持着硬朗实用的风格。刀具的高品质跟材质脱不了关系,其常见的钢材有以下 6 种。

- **1095 高碳钢**

在刀具行业中,1095 是被应用得最为广泛的钢材之一。对刀来说,1095是一种很"标准"的碳钢,性能良好而且成本不贵,具有适当的坚韧度和打磨度。含碳量达到 0.95% ～ 1.03%。经热处理后,可达 HRc57 ～ 60 的硬度,韧性十分好,但不耐锈。

- **440 系列钢材**

440 系列钢材的含碳量和硬度有 A-B-C 逐次增加,440A 不锈钢淬火硬化性能优良、硬度高,较 440B 钢和 440C 钢的韧性更高。440A 钢材对于日常使用来说刚好合适,尤其是经过优质热处理的 440A 钢材。

- **420 钢材**

420 钢材含碳量低于 0.35,经过热处理后硬度能够达到 52-55HRC,但是耐损性能并不是很出众。因为比较容易打磨,所以适宜用作大量生产的厂家制造刀具。420 钢材因为含碳量低,因此耐锈性极强,因此也是生产潜水刀的理想钢材。

- **5160 钢材**

5160 是一种普遍的高端钢材,主要是一种简单的弹簧钢加入铬来增强硬度,具有很好的打磨度。但其更广为人知的坚韧性,通常被用于制造剑类和使用强度大的刀具。

采用 1095 高碳钢的安大略 499 空军求生刀

- 14C28N

14C28N 不锈钢由瑞典的山特维克生产，添加的氮气可以真正地让刀片被磨成非常锋利的边缘，具有很好的保留性能。添加的铬成分，让刀片更容易被锐化，耐腐蚀性能也比较强，是狩猎和切割肉食的优良刀片。

- D2 工具钢

D2 工具钢也被称为"半不锈钢"，含铬量较高，但不到不锈钢的程度。它比上述钢材的抗锈性能都好，也有很优秀的打磨度，但其坚韧度不如碳钢，也不能达到完美的表面处理度。经过热处理后，硬度能够达到 60HRC，因此被广泛应用于砍伐刀或猎刀的制作。

安大略求生刀与刀鞘

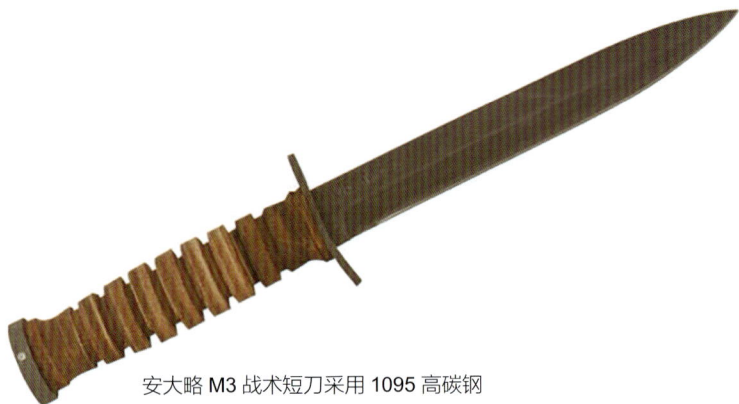

安大略 M3 战术短刀采用 1095 高碳钢

NO.56　瑞士军刀的结构类型有哪些?

　　一把普通的瑞士军刀，一般都有主刀、小刀、铰剪、开瓶器、木锯、小改锥、拔木塞钻、牙签、小镊子等工具。而一些工具上还被赋予了多种功用，如开瓶器上，就具有开瓶、平口改锥、电线剥皮槽三种功用。随着时代的演进，一些新兴的电子功能也被引入瑞士军刀中，如内藏激光、电筒等。

　　瑞士军刀在应用设计上已发生了巨大的转变。首先从刀柄长度上一般都有 3 种规格，小号刀在组合功能上适合女性、少年，中号刀因为其适中的长度，既可以作为常用工具带到野外旅行，也是家居生活及工作的好助手。而大号刀一般是握手型的刀柄，手感舒适，是野外旅行、爬山探险及一些工作的好助手，除了在巨细设计上的区别外，瑞士军刀针对不同用途及使用组合了上百种型号。

　　在各种各样的军刀中 " 旗舰 " 是有 31 种功能的"瑞士冠军"。这种刀的所有工具连同工具箱总重量不超过 95 克，因而它便于携带。"瑞士冠军"是瑞士军刀的经典代表，被纽约现代艺术博物馆、慕尼黑应用艺术博物馆按" 世界设计经典 "收藏。今日瑞士军刀种类相当繁多，里面所搭配的工具组合也多有创新，现如今瑞士军队仍配发瑞士军刀。

　　瑞士军刀的功能也不断在改进，很快刀上又增加了木锯和剪刀等工具。不

小巧精美的瑞士军刀

久，大螺丝刀上又添加了一个瓶盖起子，罐头起子上添加了小螺丝刀。而后，刀上又添加了指甲锉、牙签、镊子及带金属锉的金属锯、带吐钩器和标尺的除鳞器、十字螺丝刀、钥匙圈和放大镜。瑞士军刀可以有一百种以上的组合功能。

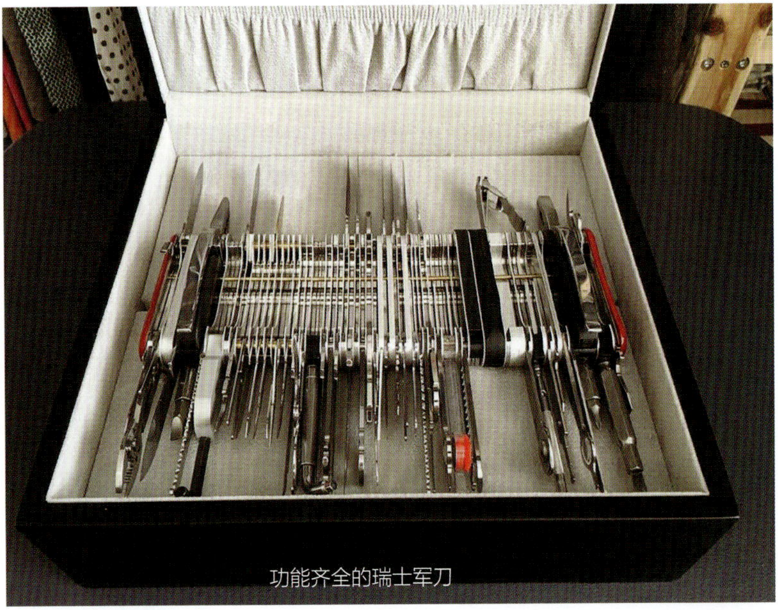

功能齐全的瑞士军刀

展览中的"瑞士冠军"军刀

瑞士军刀局部特写

NO.57　侦察兵配备的匕首，有哪些特殊的设计？

军人使用的匕首，大致上有两类，一种是侦察兵使用的侦察匕首，一种是伞兵使用的伞兵刀，两种武器用途上有各自的侧重点。

侦察兵的任务是潜入敌后或者敌人的前沿，找出敌人的方位、探寻敌人的动向。而知道敌军动向最好的方法，就是抓个俘虏带回去问话。所以，侦察兵会装备诸如微声冲锋枪之类的武器装备，目的就是悄无声息地进行突袭战斗。而能做到完全无声偷袭的，非匕首等冷兵器莫属。

就侦察匕首来说，无疑是侦察兵在敌后刺探情报，进行特种作战所依赖的主要兵器，孤军深入，要求行踪尽量悄无声息，使用枪械会产生噪音，增加了暴露自己的巨大风险，因此侦察匕首这种冷兵器是静悄悄一击制敌最好不过的单兵武器。既然是用于战斗，劈砍、切割这种功能对于匕首来说，绝对不是杀敌的最佳方式，要有效快速杀敌还得依靠刺杀这个功能，所以刺杀是侦察匕首最突出的功能。

随着时代的发展，侦察匕首的功能也正在突破过去的局限。比如，有的国家研制了可以发射子弹的侦察匕首，将手枪的功能集成在刀上，在危急时刻，使用者可以直接按下刀上的机关，射出子弹击毙敌人。另一种发明是弹射匕首。相对匕首枪来说，这种武器相对要冷门一些。其实其核心理念和匕首枪是一样的，那就是增加发射的功能。只不过，匕首枪发射的是子弹，而弹射匕首发射的是刀刃。

匕首枪威力大，而且刀身坚固，发射完毕后不影响刀的使用。但发射时声音太大，会暴露自己。而弹射匕首采用了弹簧作为动力，发射时几乎没有任何声响，但是威力要差一些，而且刀身不牢固，发射后就剩个空壳，没有实际用途。

美国侦察兵正在讲解任务计划

侦察兵进行侦察工作

侦察兵常用的侦察匕首

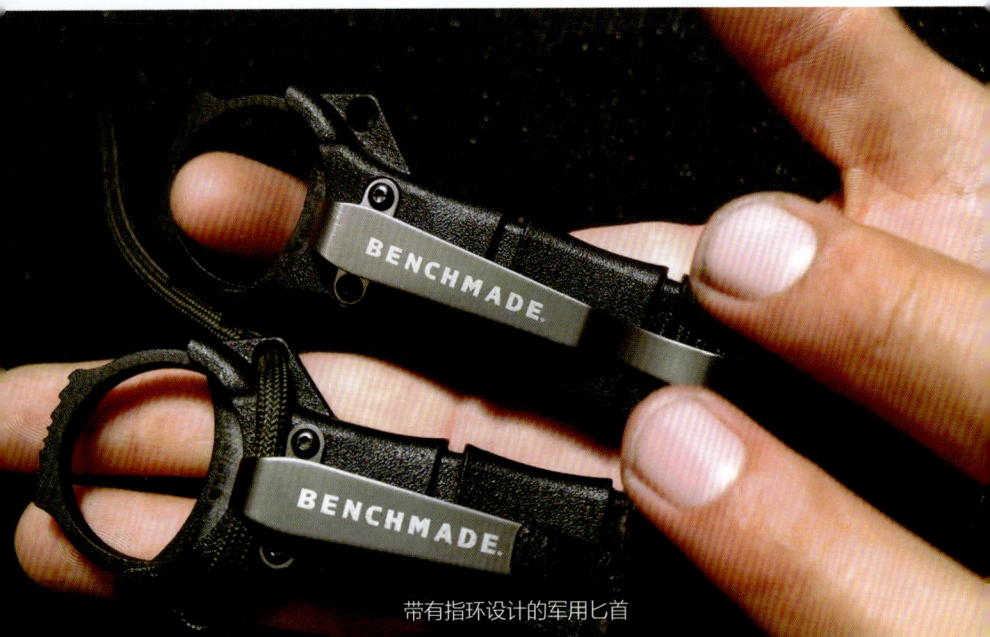

带有指环设计的军用匕首

NO.58　蛙人部队常用的潜水刀有什么特殊设计?

　　潜水刀是蛙人在执行训练和作战任务过程中具有防卫作用的工具。可以刺杀水下凶猛动物，能砍断50毫米左右的木棒，能迅速割断网绳的缠绕，用手柄尾部捶击块可以捶击贝壳类海生物。在水底被牵绊的概率虽然很小，但还是有可能发生，因此潜水时应该携带切割工具。

　　一般潜水员的选择是潜水刀或是有刀刃的潜水工具。大致而言，这些工具的用途很广泛，可以用来撬动物体或测量。为了抗海水腐蚀，除不锈钢作为材质，也有用钛金属作为材质的。

　　潜水刀的样式、尺寸和材质相当多样化。种类从外形尺寸类似猎刀的大型潜水刀，刀外形像短剑般轻巧、可以放在前臂或肩膀上的小型潜水刀，应有尽有。潜水刀与其他用途的刀具最主要的差别在于材质、握柄的设计和刀鞘。

　　潜水刀由刀鞘、刀把、刀刃、刀尖和锯齿构成，主要用于排除水下绞缠物、防止水生物袭击和消灭敌人等。这种刀由两部分组成：刀体和刀鞘。刀体采用特种不锈钢材料制作。刀鞘采用枪械改性尼龙塑料制作。并附捆扎带便于蛙人水下作业。

美国蜘蛛 C89SYL 潜水刀

可折叠的潜水刀

士兵在水下执行任务

蛙人两人小组进行潜水训练

Part 02

冷兵器实战篇

　　战争是开创文明的先决条件，统一更是催生和平的终极效应，人类总是在不停的战斗之中，成长或者灭亡，优胜劣汰是自然界的法则。在冷兵器时代，战争需要通过士兵肉搏来决定战役的胜负，士兵的战斗意志、体能、兵器、战术、战略在战斗中是胜负的关键。

　　战场勇士和沙场英雄，无论何时都是一个永不过时的主题。一场战争，是装备、训练、战略、战术、后勤甚至经济的综合体现。

NO.59 匕首格斗术有哪些？

匕首仍然是现代军队和执法机关的常用武器，其使用方式种类繁多。一般来说，匕首格斗术的基本招式有6种，即直刺、斜刺、上刺、下刺、侧刺和反刺。

要有效使用这些招式，前提就是正确握持匕首。匕首的握持方式主要有正握、反握两种。正握，即拳眼向上，拳心向下，刀尖从拳心处伸出。此种持法主要用于上刺、侧刺、反刺、斜刺等；反握，即拳眼向上，拳心向下，刀尖从拳眼处伸出。此种持法主要用于下刺、直刺等。

1）直刺

反握匕首，向前上右步或左步，由胸前向正前方猛刺。这种刺法多用于攻击敌人的胸、喉部。

2）斜刺

斜刺分为左斜刺和右斜刺两种。左斜刺：正握匕首，向前上左步或右步，由右肩上方向左下方猛刺。这种刺法多用于攻击敌人的头、左肩、颈部。

右斜刺：正握匕首，向前上左步或右步，由左肩上方向右下方猛刺。这种刺法多用于攻击敌人的头、右肩、颈部。

3）上刺

正握匕首，向前上右步或左步，由右肩上方向前下方猛刺。这种刺法多用于攻击敌人的头部、颈部、肩部和胸部。

二战时期最著名的军用匕首之一——英国费尔班 - 塞克斯匕首

士兵二人小组进行匕首格斗训练

上刺的防卫方式主要有以下 3 种。

（1）压臂夺刀。当敌刺来时，左手向右下拨敌手臂，迅速上左脚，两手顺势抓敌右臂，同时左臂夹压右大臂，撤右脚的同时猛向右后旋转、下压，将敌摔倒，压臂夺刀。

（2）侧踢腿擒敌。当敌右手持刀上刺时，迅速左闪身的同时，左手向右拨敌右小臂，立即用左脚侧踢敌右小腿（脚跟），左手反击敌面部（胸部），将敌人踢倒。

（3）侧蹬踢。当敌右手持刀上刺时，迅速后（左）闪身，左手向右拨敌右小臂，同时用左脚侧蹬敌肋部或胯下。

4）下刺

反握匕首，向前上右步或左步，由腹前向上方猛刺。这种刺法多用于攻击敌人的裆、腹、腰部。

下刺的防卫方式主要有以下两种。

（1）切击别臂夺刀。当敌右手持刀下刺时，左脚稍向左前移并闪身，左手挡敌小臂（手腕），同时右手抓拉敌右肘，右脚踢敌裆后立即后撤，两手向右下旋转将敌压倒，卷腕夺刀。

（2）交错切肘（侧踢腿）。当敌右手持刀下刺时，左脚向前上小闪身，左小臂上挑击敌肘，右小臂往下砸敌小臂，并抱住敌臂，左脚侧踢敌右脚跟，左臂猛向后挑，将敌摔倒。如敌紧握刀不放，可侧蹬协助夺刀。

5）侧刺

正握匕首，向前上右步或左步，屈右肘向左侧平向猛刺。这种刺法多用于攻击敌人的腹、肋部。侧刺的防卫方式主要有以下两种。

（1）切击别臂夺刀。同防下刺。

（2）锁喉夹臂。当敌右手持刀侧刺时，迅速用左手拨敌右小臂收腹闪身，同时左脚向左前上一大步，右手由上向下夹抓敌右臂，左手锁敌喉，左手向下猛搬，将敌摔倒夺刀。

6）反刺

正握匕首，向前上右步或左步，屈右肘向右侧方向猛刺。这种刺法多用于攻击敌人的腹、肋、腰部。反刺是多用于连续进攻的一种方法，如上刺接反刺或侧刺接反刺等。反刺的防卫方式主要有以下两种。

（1）切击别臂夺刀。同防下刺。

（2）绊腿夺刀。当敌反刺时，收腹右闪身，左手顺势向左下拨开敌臂，并上左脚，屈肘夹抱敌小臂；右脚后绊敌右小腿，右手卡敌喉，向左下推，左手向下拉并向左转体，将敌摔倒夺刀。

军队日常格斗训练

俄罗斯军队配备的永恒 M3 格斗刀

NO.60　匕首刀对抗取胜技巧有哪些？

不论是在战场上，还是平时的打斗，当对手持刀时，士兵需要在保持自身安全的前提下完成上级赋予的任务。一般来说，有以 3 种情况。

我在敌前

在打斗过程中，敌我右手分别正握刀以格斗式对峙，持刀过程中一般是右腿稍靠前，身体半蹲腿稍弯背稍弓。两眼分别透过刀尖盯着对方的一举一动。这时候可抢在对手前行动，上体前倾，右手持匕首向对手的左侧直接刺出，对手身体稍向右倾躲闪过去，匕首同时回收，伺机实施攻击。在对手实施反攻之前，我右手迅速将匕首由敌左侧肩部向右胸腹部划出，出其不意将对手划伤，动作有力则伤深，动作无力则伤身，无论如何都可让对手因疼痛撒手将匕首扔在地上。为防止对手再度对我进行反击，我可以借对手因受伤而低头的瞬间，左手按其颈头，右手再用刀由右至左反向划回将对手致残或致死，以防后患。

敌在我前

打斗过程中，敌我双方同样持刀相对，此时对手抢先持刀向我左侧直接刺击，我右臂应迅速以小臂向外格挡对手的小臂，将刀向外格出，同时持刀迅速向对手的右大臂划出，让对手因胆怯或被划伤而停止这个动作。对手因划伤后，动作迟缓，在其采取动作前，我持刀右手迅速将攻击目标由右臂向右大腿内侧转换，用刀锋猛划对手的右大腿内侧。对手因大腿内侧被划伤后，低头向疼痛处观看，我再右手反握刀，猛用刀尖划向对手喉结及右侧颈部，将敌擒住。

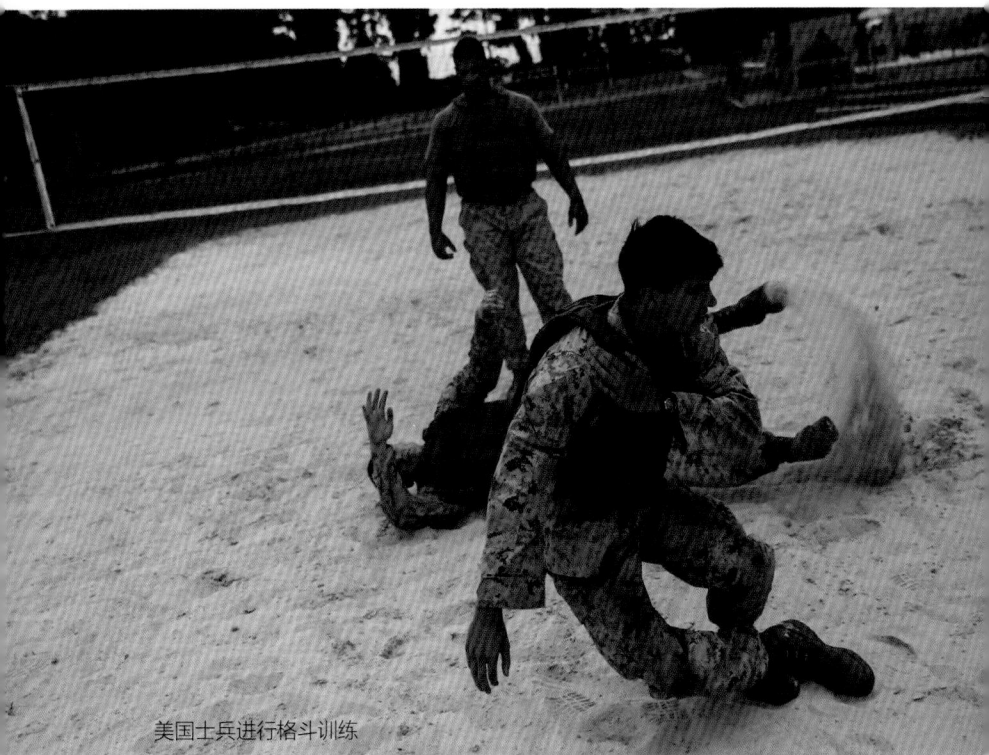

美国士兵进行格斗训练

直指对手要害

打斗过程中，敌我双方同样持刀相对，此时对手抢先持刀向我左侧直接刺击，我右臂迅速以小臂向外格挡对手的小臂，或者向右侧闪身，躲开对手的攻击，此时我迅速右手持刀直指对手的右侧颈部或锁骨处实施攻击。若情况允许，可将匕首绕对手的颈部一圈旋转至对手颈部的右侧，将其喉结及颈脖斩断，令对手受伤或被刺死，手中的匕首自然脱落。若对手在我的两次攻击下还有喘息，可再施杀招，右手由正握刀变成反握刀向对手的胸部心脏处猛刺，结束对手的生命，完成自己的使命。

在整个匕首刀对抗的过程中，我在格斗尤其是持刀格斗过程中，动作应简单、直接，直指要害处，力争一招制敌于刀下。在对敌时，大腿的动脉、手臂的动脉及心脏、颈部均为其要害及脆弱部位，可为首选攻击目标。非战场上，这些都是要命的部位，要根据情况而定。

赤手擒住持匕首敌人的手法

士兵持刀与队友进行练习

手持匕首的士兵

NO.61　士兵如何使用匕首擒住敌人?

特种兵在作战和执行任务的过程中，匕首是其不可缺少的、随身携带的杀伤型冷兵器。然而，根据任务的不同，在作战过程中匕首的运用也不相同。下面介绍的是特种兵在对恐怖分子或犯罪嫌疑人进行抓捕过程中的匕首擒敌技术。

由后锁臂挟颈

- 实战条件：恐怖分子在自然行走或站立的情况下，由后持匕首向敌接近并欲将其制服。
- 攻击动作：

（1）右手持匕首迅速向敌接近的同时，双手回拉敌双臂肘关节。左手抓紧敌左臂肘关节，右手以刀柄敲击并回带敌右臂肘关节。

（2）左手迅速由敌左臂腋下穿过，圈抱住敌双臂大臂位置，左手下压左肩前顶使敌身体右倾的同时，右手持匕首由敌左肩上方穿过。

（3）左手圈抱住敌双臂向后回拉，右手持匕首由敌左肩上方穿过，并以匕首挟持住敌颈部要害，将敌擒获。

士兵在泥地中进行格斗

击腹别臂锁喉

- 实战条件：在与恐怖分子对峙的情况下，士兵右手持匕首向敌接近并欲将其制服，敌欲反抗。

- 攻击动作：

（1）敌以右手握拳向我头面部攻击。我左手挡抓敌右手腕的同时，右手持匕首以勾拳击打敌方腹部。

（2）敌负痛之际，我左手抓握敌右手上举的同时，右腿向前上步，身体由敌右臂下方穿过并向左后转 180 度。

（3）上体继续左转，左腿向敌左脚后上步的同时，左手抓握敌右手腕反拧敌右臂并向其背部折别。

（4）左手控制敌右臂，右手持匕首由敌左肩上方穿过锁控住敌喉部要害，将敌擒获。

抓腕圈臂控颈

- 实战条件：恐怖分子在自然行走或站立的情况下，士兵由后持匕首向敌接近并欲将其制服。

使用匕首已成为士兵的必备技能

- 攻击动作：

（1）士兵右手持匕首迅速向敌接近，左手抓握敌左手腕关节回拉。

（2）迅速上右步近身向敌接近的同时，右手持匕首由敌右臂腋下穿过并上挑敌右臂。

（3）上体重心后移左手控制住敌左臂向后回拉的同时，右手持匕首圈抱住敌右臂并由敌左肩上方穿过，以匕首控制敌颈部要害，将敌擒获。

击面扛臂挟颈

- 实战条件：在士兵与恐怖分子对峙的情况下，士兵右手反持匕首向敌接近并欲将其制服，敌欲反抗。

- 攻击动作：

（1）敌以右手握拳向士兵头面部攻击。士兵左手挡抓敌右手腕的同时，右手反持匕首以刀柄砸击敌方面部。

（2）趁敌负痛之际，士兵左手抓握敌右手上举的同时，重心下潜，头部由敌右臂腋下穿过。

（3）右脚迅速向前上步重心上提，左手下压敌右臂，右肩向上扛敌右臂肘关节的同时，以匕首挟控敌颈部要害，将敌擒获。

士兵使用匕首进行格斗训练

使用匕首的士兵

NO.62　弓弩在特种作战中能发挥哪些功用？

弓箭的使用，在人类技术史以至整个社会发展中的作用实属一次真正的"革命"。自从有了弓箭，人类的活动天地就更为广阔，开始走出山洞巢穴，离开大树、森林，来到平坦广阔的平原草地安家。人类有了弓箭，不但能够得到更多的猎物，为自身的生存繁衍创造了良好的物质条件，而且大大加强了自身的安全防御能力。

虽然弓弩在热兵器时代已经退出了正规军队的装备序列，但并没有完全丧失用武之地。世界各国的许多特种部队或特警单位都极为青睐这种历史极为悠久的远距离杀伤武器，并在某些特殊的作战环境下仍然喜欢使用弓弩。

弓弩的主要优点是无声、无光、无热，既可隐蔽射手、杀敌于无形，又能将破坏减少到最小程度，特别是不会严重破坏相关设施，不会引燃或引爆易燃易爆物品，同时又能给犯罪分子以独特的心理压力。由于科学技术的发展，现代弓弩具有较高的技术水平，在很大程度上克服了一些固有缺陷，因而使用范围更广，使用更可靠。这就是各国特种作战单位装备并在一些特殊场合使用弓弩类武器的原因。不过，几乎所有单位选择使用的都是弩。这是因为军用弩使用杠杆上弦，弓弦力量远高于弓，而且弓瞄准不便，耗费体力。

当然，除了小范围的军用外，现代弓弩主要的使用目的还是体育竞赛或狩猎活动。1896 年第一届雅典奥运会上，射箭被列入了奥运会项目。1920 年，奥运会取消了射箭项目，直到 1972 年慕尼黑奥运会才重新列入。1931 年，国际射箭联合会成立，同年举行了第一届世界锦标赛。目前，三项重要的世界射箭锦标赛是：世界室外射箭锦标赛、世界室内射箭锦标赛以及世界野外射箭锦标赛。

野外环境中士兵装备有现代弓弩

特战小组使用弓弩执行任务

使用现代弓的特种兵

士兵正在调整弓弩

NO.63　匕首枪的作战用途体现在哪些方面？

在战场上，士兵杀敌并不仅仅凭借技术取胜，有时还需要智取。如何迷惑敌人，在敌强我弱时反杀敌人，取得胜利，一种好的武器可起到至关重要的作用。匕首枪作为一把攻守兼备的轻武器，变成了装备中的重要品。

匕首枪，顾名思义就是一把集匕首和手枪为一身的多功能武器，其特点是在匕首柄内开有数个枪膛和一个发射系统，利用击扳上支耳沿着枪闩内齿槽依次滑动，而将击扳上的击块撞击击针，发射子弹，枪体内还装有退击装置。

匕首枪的作战用途在于保障特种兵及特勤人员执行俘虏敌方人员的任务，或在俘虏不成的情况下迅速将敌人击毙。该枪除了具有手枪和匕首两种功能以外，还具有锉、剪、切、起瓶盖、开罐头等功能，具有极强的野战生存力。

1838 年美国研制出的单孔光滑埃尔金短刀枪，配备一块博伊刀片，由当时的登船队使用。个别埃尔金手枪在美国内战期间仍被使用。

NRS-2 侦察匕首是一款采用内置单射击式射击装置的生存刀，枪口位于匕首刀柄的尾部，最大速度可达 200 米 / 秒，每次可装 1 发 SP-4 特制受限活塞子弹，该子弹发射时产生的声音很小。NRS-2 由 20 世纪 80 年代苏联制造，现在仍作为俄罗斯特种部队"阿尔法小组"和特种执法团体的个人武器。

匕首枪的存在，使近身搏斗和远程射击实现了完美的结合，大大地提升了使用者的战斗能力，是不可多得的暗杀利器。

士兵进行匕首枪射击训练

NRS-2 侦察匕首

© Vitaly V. Kuzmin

NRS-2 侦察匕首发射机构特写

士兵正在使用匕首枪的发射子弹功能

NO.64　如何在现代战争中有效利用匕首？

　　匕首携带方便，容易隐藏，所以即使在火器发达之后，仍然是军人无法离手的原始武器。在二战中，美国军队使用的匕首较有特色，其刀柄有防滑槽，锋尖为双刃，利于突刺。一面刃的后半部为无锋的刀背，便于切削。这种匕首当时也为反法西斯的盟国部队使用，因而颇为著名。朝鲜战争时期，美国军队特别是飞行员使用的是单刃宽血槽，有厚实的刀背，形似猎刀的军用匕首。在越南战争时期，美军特种部队的军用匕首在单刃匕首的基础上，刀背加开了锯齿，更具生存功能。时至今日，美国陆军匕首已经被 M9 多用途刺刀所替代。

　　匕首也是野外生存的重要工具。美国特种部队在野外生存训练中，要求受训官兵只带军用匕首和指北针，或者将其中一样换成一壶水，模拟敌后的条件下，只身按规定时间到达地图标定的地点。训练中，极少有人将匕首换水。生存教官强调，刀具是紧急生存的无价之宝，在身历险境时要养成随时检查刀具的习惯。美军远程侦察的单兵装具要求放下背囊之后，身上必须保证有弹药、水、口粮、地图、指北针和军用匕首。因而敌后行动匕首不能挂在外腰带上，一旦战斗需要轻装，解下外腰带时，匕首也就不在身边了。

　　除了军队，匕首也是情报人员的重要装备。西方至今用"斗篷与匕首"式的人物来形容间谍。美国人迈尔斯·科普兰所著《新谍报学》一书的副标题即为"不用斗篷，也不用匕首"。另外，美国特种部队的标志就是两枝交叉的箭，中间一把匕首。值得一提的是，军用匕首已经逐步由以往用途单一的双刃短剑型，向多用途单刃猎刀型转变。特别是近几十年来，军用匕首与刺刀相互结合，向格斗、生存多用途发展，匕首、短刀与短剑之间的界限也越来越模糊。

士兵使用匕首进行格斗训练

手持匕首的士兵

造型独特的蝴蝶 178SBK 匕首

插入刀鞘中的战术匕首

NO.65 匕首在古代欧洲有怎样的运用？

匕首早在古埃及（前3100—前30年）时期就已出现。有例为证，1922年，考古学家从古埃及第18王朝的第12位法老图坦卡蒙（前1341—前1323年）的墓中挖掘出大量珍宝，其中一件为金质匕首，其匕首鞘也为金质，并且匕首及其鞘上均加工有精美装饰。

在罗马帝国（前27—395年）鼎盛时期，匕首是罗马军团士兵的必备武器。从中世纪（476—1453年）开始，欧洲匕首的形制增多，并且与罗马匕首存在较大差异。

欧洲中世纪时期，匕首主要用于自卫、暗杀和近距离作战，因为长剑在这些场合显得过于笨重，在战斗中长剑丢失或断裂时会用到匕首。传统上，匕首被认为是出身低微的人所用的武器，但在14世纪，匕首开始被士兵和骑兵所使用，通常挂于臀部右侧。

重甲骑士堪称欧洲古代最著名的兵种，他们身上的重甲具有极高的防护力，在火枪发明以前，少有骑士在战场上大量死亡。不过在英法百年战争期间，重甲骑士的伤亡率还是达到了相当高的程度。但令人意外的是，大部分重甲骑士并非死于威力惊人的英格兰长弓，而是被匕首割断喉咙。当时的步兵如果要以个人力量来对付重甲骑士，匕首几乎是唯一有效的武器。

十字护手匕首是中世纪欧洲出现最早的匕首，其英文为 Cross-hilt dagger。因为这种匕首的护手与主体呈十字架形，也译作十字架匕首。在中世纪手绘画册《摩根圣经》中，展示有十字护手匕首。

中世纪晚期，欧洲最常见的匕首为锷叉匕首。这种匕首构造简单，制作比较粗糙，长约 40 厘米、重约 290 克，通常为普通士兵作战所用。不寻常之处在于鸟首状柄头和护手上水平的 S 形锷叉。此外，还有一种有趣的肾脏匕首，名字源于护手上两颗像圆形耳垂的球状物。这种匕首长约 35 厘米、重约 170 克，几乎整个欧洲都在使用，但在英国和低地国家（如荷兰、比利时、卢森堡等）最为流行，各级士兵都有佩戴。

🔊 **小贴士**

百年战争是指英国和法国以及后来加入的勃艮第，于 1337 年至 1453 年间的战争，这是世界最长的战争，断断续续进行了长达 116 年。

19 世纪欧洲骑兵使用长刀作战

欧洲骑兵使用的十字匕首

古代欧洲使用冷兵器作战

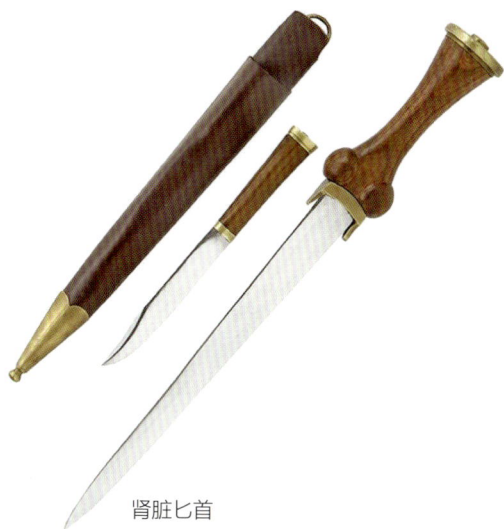

肾脏匕首

古代欧洲骑兵作战的场景

NO.66 冷兵器靠人海战术能打败使用热武器的军队吗？

人海战术，是一种以大批兵力和密集队形正面攻击对方战线的战术。具体形式是以大量密集步兵向对方冲锋，目的是冲入对方战线，以近战使对方难以靠火力歼敌。

冷兵器时代，交战双方对垒时主要依靠集中优势兵力，凭借数量的优势冲击对方薄弱环节取得突破点的做法是常规战术的一种。它的基础是集中优势兵力，以数量增加整体的实力，在军事上是一种常见和有效的战术。以较多的兵力冲击对方除了产生心理上的震慑以外，以较多的兵力冲击能减少敌方反击的时间，加快敌方战斗人员减少的速度，从而减少己方伤亡。

使用冷兵器作战的欧洲军队

欧洲士兵开始使用火枪进行作战

19世纪以后，随着热兵器的杀伤力飞速增强，战力与人数的相关性开始降低，而与武器装备以及弹药数量相关开始增强。现代火器的强大杀伤力使采用人海战术时候的伤亡大增。如一战时人海战术可以使战争双方每日死亡人数达到数万人。人们意识到人海战术的可用性在高效杀伤的热兵器时代已经开始降低。而重机枪的出现和步炮协同的作战方法也使人海战术中的密集步兵冲锋逐渐改为小股单位分散冲锋，以达到更高效率。人海战术开始被用来特指在狭隘的战场中投放大量兵力，不惜伤亡达到战术目标的行为。

二战中，不少战役仍然有人海战术的使用，也造成交战双方的重大伤亡。

在近代战争中，由于自动武器、炮兵与空对地的优势火力，使人海战术容易造成伤亡惨重。人海战术要成功，必须在最短时间内以很大比例冲入对方战线，才有足够的兵力进行近战。

海湾战争的经验表明随着科技的进步，武器的威力越来越大，智能化程度也越来越高。随着新的军事理论的出现和大量精确制导武器投入战场，传

19 世纪西方国家流行的剑舞

统的机械化巨型兵团已逐步失去发挥的空间。但美军在 2001 年阿富汗战争和 2003 年伊拉克战争的结果表明，陆军依旧是最后决定胜负的关键。因此，现今军事强国的陆军非常重视陆军的空中化建设和远程投送能力。他们对自己军队在未来战争的基本要求，就是数字化和快速反应及远程投射能力。

也有人认为，在现代战争中人依旧是左右战争的关键，因为无论多么先进的武器，最终都操作在人手中。在双方军队的技术（数字化）水平持平的情况下，数量优势（技术装备）依旧是左右战争胜负的关键因素之一。

◄)) **小贴士**

　　在 1532 年，一支西班牙军队在美洲地区遭到了印加帝国军队的袭击，人数方面西班牙军队只有 62 名骑兵和 106 名步兵，而印加军队人数达到了 8 万之众。

　　然而这场战斗的结局是西班牙几乎以零伤亡便击溃了有 8 万之众的印加军队。印加军队失败的原因很简单，因为当印加军队拿着冷兵器勇猛冲锋的时候，等待他们的是西班牙人整齐划一的火枪轰鸣声。

17 世纪的火枪手

冷兵器时代的骑兵

在一战初期的法国步兵的冲锋

NO.67　欧洲最强冷兵器——弩炮，是如何制造的?

　　随着甲胄的发展和工事筑垒的出现，单兵弓弩的作用被相应地削弱了，他们无法穿透附有青铜的盾牌，当然更不可能摧毁砖石堆砌的掩体。虽然人们曾尝试过制造巨大的弓弩，但依靠弩臂弹性形变所产生的发射力量已接近极限，无法赋予箭石或弹丸更大的威力。狄俄尼索斯的工匠们发明的弩炮首次采用了力学研究的最新成果——扭力弹簧，即利用两束张紧的马鬃、皮绳或动物肌腱产生的扭力作为动力，驱动弩臂带动弓弦抛射弹丸或箭石。

　　希腊人设计的弩炮带有坚固的支架，主梁置于支架之上，其前端两侧装有两具扭力弹簧组，每个弹簧组带动一只弩臂，弩臂末端连接弓弦，弓弦正中是容纳抛射物的编制网袋。横梁上侧带着燕尾长槽，一个带长导轨的滑块可以沿着长槽前后滑动，滑块的后端装着一套精巧的击发机构。可以方便地锁定和释放弓弦，横梁的末端装有绞盘，使用者可以通过扳动手柄，或者拖曳绳索和移动滑块。当弓弦向后拉开并被击发机构锁定时，武器就处在待发状态。为了让操作绞盘不至于太费力，在横梁两侧设置了金属齿条，既能让开弓的工作不必一气呵成，又能调节武器的抛射力量，从而获得需要的射程。

　　为了赋予弩炮灵活的方向和仰角，他们为弩炮设计了可以自由转动的基座。

　　在弩炮出现以前，在希腊从事工程技术的人员地位卑微，不受重视。在奥林匹斯山上的众神祇中，唯有代表手工艺和工程技术的火神赫淮斯托斯被描绘成一个丑陋肮脏的瘸子。即便是菲底阿斯这样的著名雕刻家，在完成培拉卫城工程后，人们甚至不允许他在浮雕上刻下自己的肖像。但弩炮的发明立刻展示出工程技术的无限潜力，于是制造弩炮等攻防装备的工匠和专家开始被给予优厚的礼遇，甚至在政治斗争中，具有弩炮制造技术的专业人士也可免遭迫害和刑罚。因为炮兵的出现，原来的步兵队列中的并列平等关系被彻底打破，继而影响到社会关系的变革。许多西方学者相信，弩炮的出现对古罗马共和制的瓦解产生了不可忽视的推动作用。一种武器，改变了社会格局。

弩炮的 3D 示意图

现代制造的弩炮

保存至今的弩炮

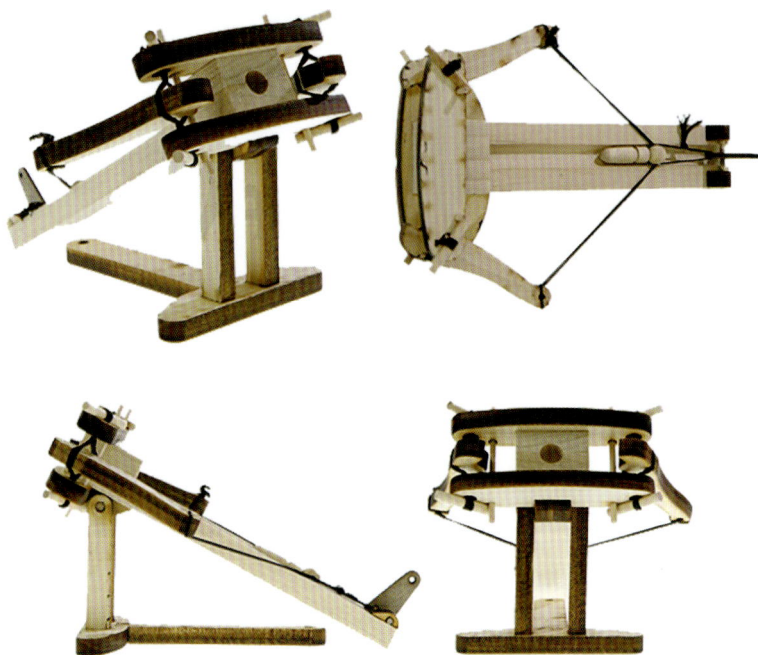

弩炮各角度特写

NO.68　长弓与强弩，冷兵器时代怎么选武器上战场？

中世纪的欧洲战场上，约有百年时间，长弓犹如今日的飞弹。例如英格兰拥有长弓部队，当时其敌对方是苏格兰与法国，明知长弓的优势，而且屡战屡败，但仍执着地用强弩对抗英格兰。这是制度性的选择，而非技术上的障碍，理由很简单。长弓的技术门槛不高，比起强弩所需的机械原理容易许多，成本也更低廉，英格兰因而擅用长弓部队。但因为法国的政局不稳，若不禁用长弓，地方诸侯容易集结民兵，训练战力强大的长弓部队，执政者担心无法有效压制。

长弓兵可集结成阵，也可依地形山川河流各自移动，寻找掩护狙击，攻守皆便。但长弓部队要密集发射才有克敌效益，养成训练期长（2～3年），更需时常操练，培训成本较高。简而言之，长弓部队必须培养大批弓手，整体成本较高。

弩这种武器，优点是操作标准化，射程远过长弓。但弩有个大缺点：必须首排发弩（射击），次排进弩（预备），末排上弩（装填）。长弓则无此缺点，熟练者每分钟每人可瞄准射出 6 箭；若不瞄准，可射出 10 箭，制造箭如雨下的优势，对骑兵尤其有杀伤力。

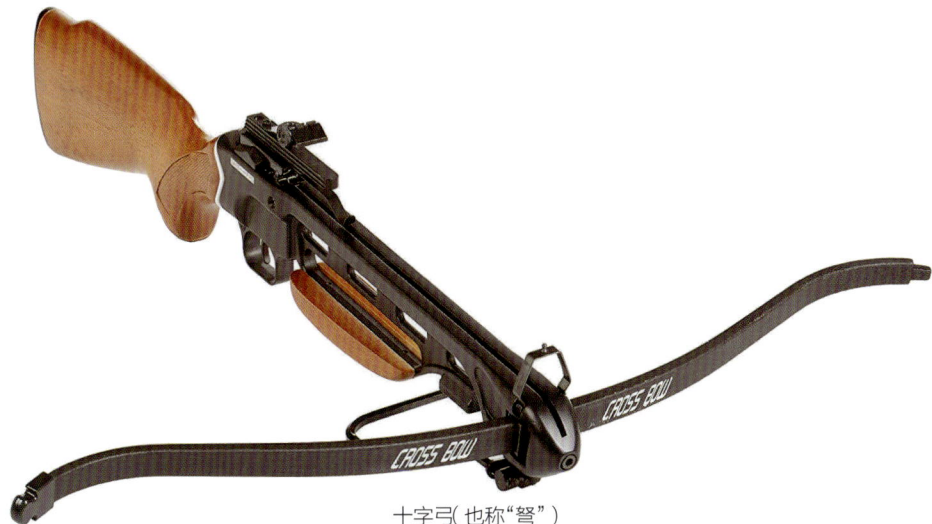

十字弓（也称"弩"）

英法百年战争期间，有一场重大的克雷西战役。法方前面是弩军，后面的方阵是 5000 名骑兵。英方总共只有 1.4 万人，其中有 5000 长弓手。法方 2 万～3 万人，其中有 6000 弩兵。法方弩兵发起十多次冲锋，英军长弓手以"左射右、右射左"交叉火网迅速打败法军。法方损失 1500 至 4000 名武装兵，步兵死伤无数。英方仅损失 100 ～ 300 人，再度验证了长弓的威力。

运用长弓需要各种条件。第一，政权中央化，能培养出长弓所需的社会条件与文化（如前述）。第二，政权稳定，不怕内部叛变。

采用弩的政权，其实是选择既贵又慢又不便的武器。政局的稳定性是选择武器的重要因素。制度性的因素，反而优先于技术性的考虑。

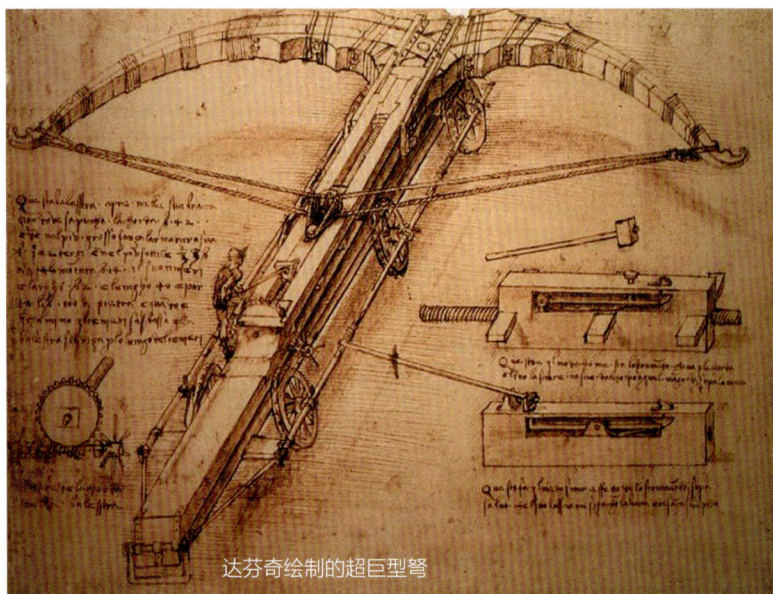

达芬奇绘制的超巨型弩

现代制造的长弓

古代士兵使用长弓进行射击

NO.69　冷兵器时代的刀剑对决，刀剑会容易卷刃吗？

中国古代最早的炼钢工艺流程是：先采用木炭作燃料，在炉中将铁矿石冶炼成海绵状的固体块，待炉子冷后取出，叫块炼铁。块炼铁含碳量低，质地软，杂质多，是人类早期炼得的熟铁。再用块炼铁作原料，在炭火中加热吸碳，提高含碳量，然后经过锻打，除掉杂质又渗进碳，从而得到钢。这种钢，叫块炼铁渗碳钢。

古代冷兵器，在中国隋唐乃至汉，都对刃口进行了热处理，刃口硬度至少在洛氏 52 度以上，一般会达到 58 度～ 60 度，这个硬度是很高的，很容易崩口。在隋唐后，中国出现了大批刃口不进行热处理的夹钢刀具，但其硬度依然相当高。

  但是古代技术毕竟有限，削铁如泥毕竟只是个例，况且现在的技术制造的刀剑互砍，都会崩口或者卷刃。在古代，军用刀剑的制造工艺可谓是当时的顶尖冶炼技术。据说，古代的刀剑制造可以选择合适的硬度和韧性，但是硬度高韧性差的容易崩口，韧性高硬度差的容易卷刃。古代不同的作战需求对刀剑的选择也会不同，以尽量获得最大的杀伤效果，造成最小的损失。但是只要是使用，一定会有损伤。因此，刀剑相砍必然会造成缺口或者卷刃。

中国古代大刀

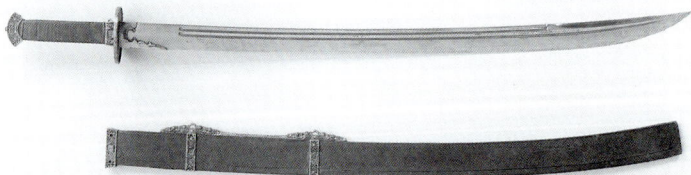

中国古代使用的剑

19 世纪法国海军军官用的军刀

现代军刀使用的短刀

NO.70 匕首能成为现代战争中士兵标配武器的原因是什么？

历史总是优胜劣汰，在高科技迅猛发展的条件下，叱咤战场近2000年的刀枪剑戟等冷兵器都已经逐渐退出了历史的舞台，被威力更强大的枪炮导弹所替代，不过有一样冷兵器却保留了下来，那就是匕首。

匕首，形状和剑相似，但尺寸要小很多，没有固定大小，一般长度在20厘米左右，可随身携带，而且锋利无比，具有击、刺、挑、剪、带等多种用法，是近身肉搏的有效武器。最早的匕首可以追溯到几十万年前的原始社会，那时人们把坚硬的长形石块一端磨锋利，用来捕猎或攻击敌人。到了4000多年尧舜时期，已经有明确的匕首记载，商朝时已经有了青铜匕首，后逐渐被铁匕首所替代。

古代军队中士兵虽多配备长矛、长剑，但有些部队也会配发匕首，比如说斥候在打探消息或者执行特殊任务无法携带刀剑等较大武器时，匕首就成了最好的选择。后来随着枪械的出现，刀剑长矛等冷兵器都已经退出了历史的舞台，而其貌不扬的匕首却顽强的保留下来，到现在更是成了军队中每一名士兵的标配。

新石器时代的匕首

现代战场上，匕首已成为士兵的标配

匕首能成为士兵标配武器不外乎以下 3 个原因。

- 侦察兵在摸哨或抓活口时，为了不打草惊蛇，只能使用匕首，可杀敌于无声。而且在突袭作战时，匕首可轻易割开敌人外围的铁丝网，这是枪械等其他武器无法做到的。

- 匕首是士兵在野外必不可少的装备。在野外行军时，匕首可用来披荆斩棘，在丛林中开辟道路，或者是宰割猎物，而在搭帐篷时，也要用到匕首砍割树木将其固定。而且在野外，蛇虫猛兽横行，在不能开枪的情况下，匕首成了主要防身武器。

- 在子弹打光的情况下，匕首成了士兵近身搏斗的最后武器。虽然在现代战争中，白刃战的概率已经越来越小，但这并不表明白刃战不会发生。在前不久，英国媒体有一则新闻，称英国一支特种部队被 50 多名恐怖分子包围，在经过 4 个多小时的激烈搏斗后，英军虽干掉 20 多名恐怖分子，但也打完了所有的子弹，为了不被活捉屈辱地死去，这支特种部队装好了刺刀，拔出短刀，向恐怖分子发起了最后的冲锋，最终干掉了 32 名恐怖分子，吓跑了其他人。这支英国特种部队的成员则全部活了下来。

　　现在各国军队对匕首进行了改进，不仅增加了用途，威力也增加了不少。比如匕首枪就是一个很好的例子，枪和匕首完美地融合在了一起，既可以当作匕首使用，也能发射子弹，使匕首再也不只是一个冷兵器。而且它携带方便，实战性比较强，对士兵来说有着无可替代的作用，成为单兵作战不可或缺的装备。

士兵使用战术匕首进行日常训练

韩国士兵进行拼刺训练

NO.71　如何正确选择野外求生刀?

　　野外求生刀是士兵整个野外生存当中最核心的求生工具,一把好的求生刀可以在关键的时刻发挥出关键的作用,所以选择一把好的野外生存刀是至关最重要的。

按照环境选择

　　什么样的生存环境就要选择好什么样的生存装备,在不同的环境当中选择不同的求生刀也是一个值得探讨的问题。根据环境可选择带有挂钩、T形、绑腿、刀尖不需要太尖、刀身不宜过长的生存刀。还可以选择一些开山刀、弯刀、多功能刀能够完成一些树枝的砍伐、动物的屠宰等。因为刀具在荒漠产生不了太大的作用,如果携带的刀具过多过重反而会成为负重累赘。

巴克 184 求生刀及牛皮刀鞘

按照功能选择

- 一般刀具可分为直刀、爪刀、小型的弯刀等，直刀可以在野外生存求生当中做标记、近距离的防身、食物的宰杀、植物割伐等。在河流探险最好是选择潜水带有绑腿的刀具，需攀登山地时可以选择伞兵刀。

- 多功能的刀具可以说能够适用于野外求生的环境因为其功能比较全便于携带，目前，比较知名的"FOX狐狸军刀"是适合野外作战，安全性、战斗力都比较强。多功能的野外求生刀必须具备的功能就是砍、锯、带有挂钩、侧刀等功能，去野外执行任务时可以选择一把多功能的军刀，小巧、方便携带。

- 开山刀顾名思义就是开路以及防大型野外动物的攻击。主要适用于山林、灌木丛等地方，不适用于登山、沙漠、河流等地。在选择一款开山刀时要选择头重脚轻的刀具，在砍伐时能够发挥出很好的工作效率。

士兵进行野外作战部署

美国独狼 40031COMBO 求生刀

野外求生刀具有很锋利的刀刃

NO.72　现代战场上，使用弓弩具有哪些优势？

　　在特种作战中，先发现敌人就可以掌握战场的主动权，如何在不被敌人发现的情况下给敌人致命一击成为取胜的关键。现代枪械噪音大，而且如果是晚上开火，很容易就会向敌人暴露自己的位置，这是很危险的事情，因此人们把眼光瞄准了弓。

弓是抛射兵器中最古老的一种弹射武器。它由富有弹性的弓臂和柔韧的弓弦构成，当把拉弦张弓过程中积聚的力量在瞬间释放时，便可将扣在弓弦上的箭或弹丸射向远处的目标。虽然弓的威力不如枪械，但弓的优势是隐蔽性好，而且因为噪音小，射手不容易被发现。

现代战场使用的弓以现代复合弓为主，复合弓最大的特点就是运用了滑轮来达到省力的效果。复合弓的上下都由2个滑轮机构，测量这2个滑轮中心间的距离，就是这个弓的轴距，轴距反映了一个弓的大小。随着制弓技术的不断进步，弓的尺寸越来越紧凑。大多数的复合弓携带方便，轻巧美观。弓声音小，而且箭头可以更换，发射隐蔽，这使弓在特殊作战（林地侦察、伏击）中可以发挥出比枪械更大的威力。因此，现代特殊作战中，弓箭成了一门必修课。

不过，还有一种类似于弓箭的武器，具有所有弓箭都具有的优点，但比弓箭更方便，那就是弩。军用十字弩发射的是弩箭，需要飞行时间，也就是说可以看到其飞行轨迹，甚至避开，这也是军用十字弩被划分为近战武器的原因之一。弩也被称作窝弓，或者是十字弓。弩的装填时间比弓长很多，而且在同样的开弓磅数情况下，它比弓的射程要近，但是，弩发射的箭矢短而粗，质心在气动中心前段，箭头在空中飞行时易于下坠，所以在近距离内杀伤力

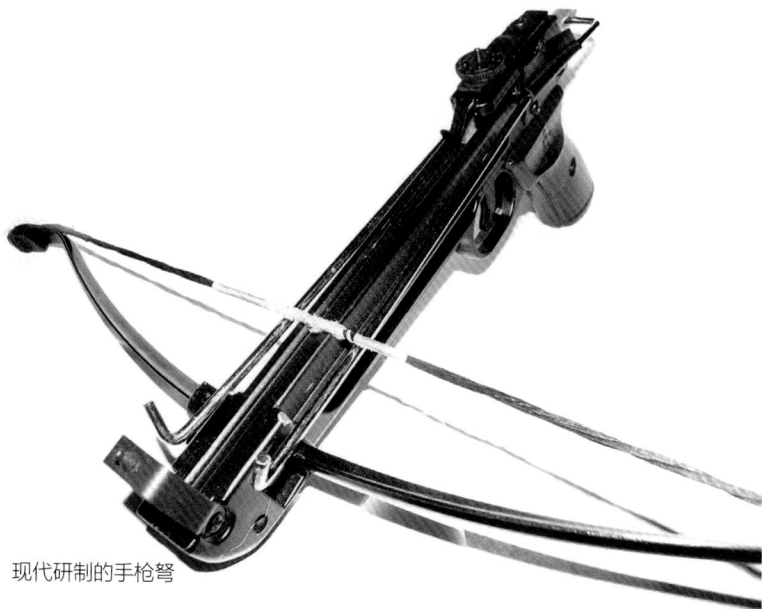

现代研制的手枪弩

比弓更强。

　　同时由于弩是一个稳定的射击平台，开完弓后就无须强大的臂力支持，所以便于瞄准因而弩的命中率更高。再者，弩的射击步骤简单而易于学习，相对弓而言对使用者的要求也比较低，这也让使用者可以在短期内熟练掌握弩的射击方法，而且现代弩可以在后面安装瞄准镜，瞄准镜大大提高了弩的精确性，甚至可以在短距离内代替枪械，安静迅速地对目标进行射击。在现代战场上，这些古代的冷兵器通过自身的优点，仍然发挥着不可替代的作用。

装有消声器的复合弓

手持现代弩的士兵

现代弩多适用于暗杀行动

NO.73 冷兵器战争与近代战争，哪个时代的伤亡率更高？

　　使用大刀长矛的冷兵器时代，战争伤亡率经常高得惊人，而即便近现代战争中规模最大的二战，部队伤亡比过半的战斗相当少，全军覆没更是罕见。而古代冷兵器战争，常常会伤亡过半甚至全军覆没。

　　冷兵器时代，指由远古时期兵器由生产工具分化出来，也就是兵器发明开始，到火药发明并广泛使用于战争的这段时期。许多冷兵器是复合材料制成并兼有两种以上的用途性质的。因以其主要材料和用途性质划分类别。

　　近代战争，随着科技的进步，武器装备得到大幅度提升，大概可以分为一战和二战。

　　虽然一战与二战的死亡人数人很多，但是战场救护、人员防护以及人权思想等等各方面因素，使战士们得到很大的保护。虽然近代战争武器装备先进，但死亡仍是战场常态，不过却很难出现古代冷兵器损伤过半，乃至全军覆没的现象。

　　冷兵器时代出现伤亡率高的原因有以下 5 个。

- 古代医疗条件差，一点皮外伤就能要命，所以伤亡惊人。
- 古代的战场人员密度大，打起来相当激烈。
- 古代对待俘虏没有国际法约束，虐俘和杀俘的事情很多。那时候的战争文明程度比现在低得多，战败往往意味着抢劫和屠城，所以战斗惨烈得多。
- 常常伴随大量非战斗减员（疾病之类）。
- 胜者往往喜欢践行"消灭有生力量"。

冷兵器战场上的掩护工具多为盾牌

持冷兵器的士兵与持火枪的骑兵进行对战

现代士兵作战

近代战争士兵使用的作战装备

NO.74　冷兵器时代的欧洲远射武器究竟有多厉害?

　　欧洲人历史上的远射武器并不比其他地区弱。投石索是人类历史上最古老的远程武器之一，历史可追溯至公元前 10000 年。其结构通常就是一条中部带兜的绳索，加上几块大小适中的石头。如此简陋的武器，却能发挥出惊人的威力。通过圆周运动蓄能，利用绳索提高速度，使投石索发射的弹药能量远超直接投掷。

　　投石索活跃在整个古典时期的欧亚战场上。在希腊人色诺芬的万人长征中，投石索发挥了重要作用。当希腊人被波斯箭雨压制得动弹不得的时候，以盛产投石手而出名的罗德岛人挺身而出。他们发射的铅弹射程，甚至超过了使用复合弓的波斯弓箭手，使这群希腊孤军不至于被波斯人团灭。经此一役，罗德岛投石手和克里特弓箭手成为希腊军中的远程双杰，在整个地中海算是一炮而红。

　　除了罗德岛投石手，地中海上巴利阿里群岛，也盛产投石兵。他们也是当时各国竞相雇佣的远程力量。罗马历史学家如此描述他们："父母将不会给予他们的孩子哪怕是一面包，直到孩子用投石击中这块面包为止。"

第三次希墨拉战役中，迦太基军队中的 1000 多巴里阿里投石手发飙，用密集的石弹打退了进攻迦太基营地的叙拉古希腊人。希腊军队的铠甲无法抵挡投石手丢出的石弹。

在罗马和帕提亚的战争中，就连装备了复合弓的帕提亚骑射手都屡屡被投石手所压制，而顶盔戴甲的重装骑兵在钝击伤害下也苦不堪言。正如《兵法简述》里写的：对付头戴盔胄，身披铠甲的战士，就常用投石带或投射器投掷大石块。这些石块比任何箭矢重得多，尽管打下来只能伤及身体的某个部分，但却可以在不见大量出血的情况下置敌于死地。

到了中世纪，随着投石兵栖息地的环境恶化，投石索不再风光无限，成建制的投石部队逐渐淡出了人们的视野。但其中的长杆投石索却开始更多地出现在各类画作中。在一些南欧的山区，投石兵依然经常出现在战场上。

与投石索有异曲同工之妙的还有投石机。投石机是冷兵器时代最佳的远射利器。

投石机是古代的一种攻城武器，可把巨石投进敌方的城墙和城内，造成破坏。投石机又称投石炮，可以投掷一个或多个物体，物体可以是巨石或火药弹丸，甚至是毒药和尸体，这可能是最早的生化武器。

投石索使用示意图

简易制作的投石索

位于法国的重力抛石机

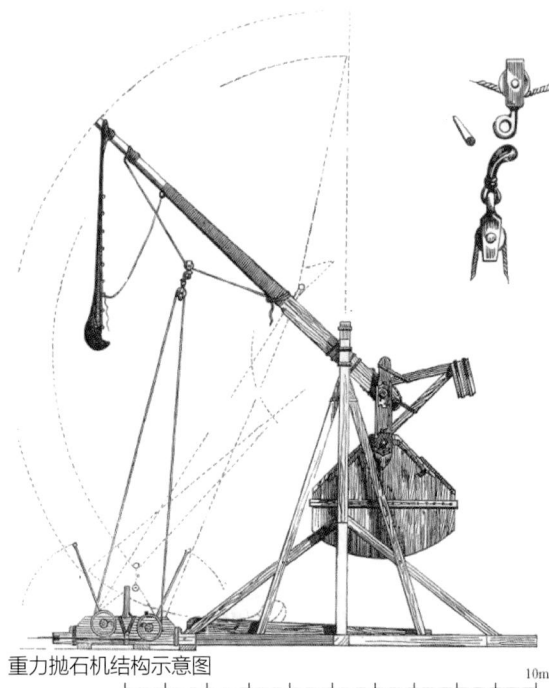

重力抛石机结构示意图

10m

NO.75 一战中被广泛使用的壕沟刀有什么突出特点？

壕沟战又称堑壕战，是由散兵坑演化来的一种利用低于地面的战壕进行作战，用于保护士兵躲避炮弹的作战方式。该作战方式主要运用于火器时代阵地战当中，战争结束后士兵死后通常埋葬其中。

欧洲进入火药武器时代后，除排纵列作战的正规士兵外，出现散兵——就是不排队列作战的步兵——这些士兵相当于现在的侦察兵或者尖兵。他们监视敌人，作战时会为自己挖一个小坑来躲避炮弹。在骑士战演变为列阵枪战的过程中，因为没人愿意和敌人站在几十米开外对射，所以散兵坑被普遍用作战壕，以保护士兵。

　　由堑壕战衍生出来一种冷兵器，被称为"壕沟刀"。壕沟刀主要是为壕战设计的近身战杀伤性武器。壕战刀和刺刀很类似，都是为了近身战设计，都是最大程度突出杀伤力。不同的是，壕战刀没有连接在来复枪枪口的设计。

　　壕沟刀被广泛运用于一战和二战中，德军、英军和美军都呈现了壕沟刀的配备，可是其功用都不是太完善。壕沟刀的刀身平直两边开刃，铜制手柄并带有指扣尖刺。这铜环指扣能让运用者非常好的运用尖刺发力进犯。在刀柄的底部，还带有螺丝形状的鼓槌，也能够用作进攻。这么一把小刀带有三种进攻方式。

　　不过也正是因为带有这种特殊的指扣尖刺护手让这种刀很难大规模盛行开来。这种壕沟刀在战役后期呈现，那时只是作为一种弥补武器，只是配发给一些比方伞兵之类配备里没有带刺刀的军种。士兵在战役中需求的是多用处的刀，并不只是局限于近身搏斗。这也致使许多兵士不是很喜欢壕沟刀。因为武器自身的局限和战时制作刀柄指扣的黄铜缺少，壕沟刀没有大规模出现在二战中，只少些是作为规范配备发给兵士。

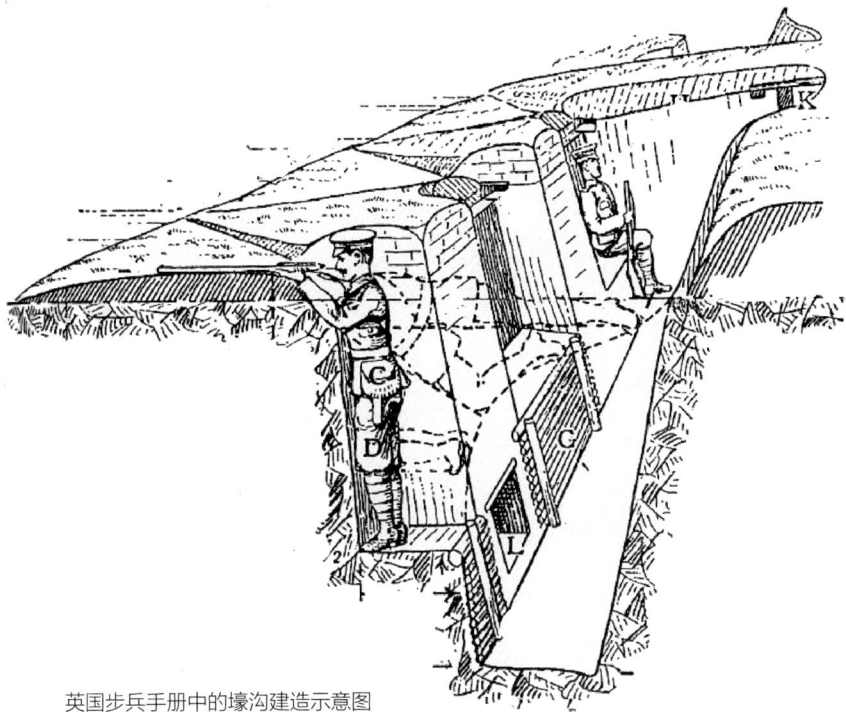

英国步兵手册中的壕沟建造示意图

索姆河战役中的一个英军柴郡团岗哨

美国 M1918 壕沟刀

美国在一战时期使用的壕沟刀及刀鞘

NO.76　日本刀经历了哪些发展历程?

　　日本刀的全称为平面碎段复体暗光花纹刃,依据形状、尺寸可分为太刀、打刀、胁差、短刀等。广义上还包括长卷、刀、剑、枪等。这些刀自古以来作为武器的同时还以其优美的造型著称,很多名刀被当作美术品收藏,并寓含着武士之魂的象征意义。与其他国家的刀类不同,日本刀最大的一项特点就是在外形装饰之外刀体本身展现出艺术感。在日本,制刀人被称作"刀工""刀匠"或"刀锻冶"。

　　日本刀在本土的刀体形制上受到两次较大的影响,分别是来自中国的汉朝时期和隋唐时期。其刀本身的造型和锻造方法也有了一些改变,在通过和朝鲜半岛的交流和派遣遣隋使以及遣唐使的互通往来的过程中,日本刀的锻造技术也综合很多大陆元素发展出了其独特的刀型。

　　最早成型的日本刀的形制,根据目前的考古界说法是来自平安时期的刀工天国。其作品也就是著名的太刀小乌丸,而自此之后,经过镰仓、南北朝、室町、安土桃山、江户初期、中期、幕末的发展,日本刀的形制逐渐成为目前所见的样式。而刀身的长度也在安土桃山时期和江户时期基本成形。而根据战争形态和使用方式的发展和改变,日本刀的形制也逐渐发生了演变。从平安后期到镰仓时代,日本出现了大和传、备前传、山城国、相州传、美浓传等并称为天下五传的制刀流派,并且各地名匠辈出,尤其以备前国的长船町为盛。

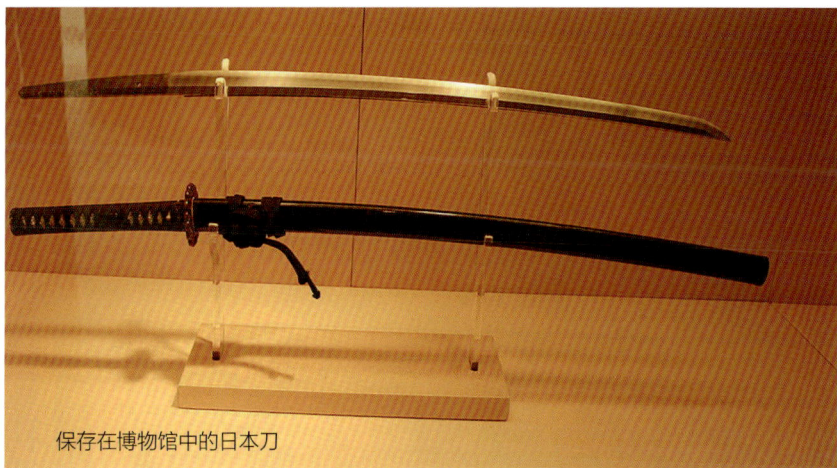

保存在博物馆中的日本刀

　　日本刀在制法上集合了相当高的技术，总体来说需要经过刀工制刃、淬火、打磨之后，由刀工配白木柄鞘以保存刀刃待售之用，而刀柄、鞘、镡等刀装为另一行当，由专门的金工（锷工）装饰，且各有名师。日本历史上的刀工各有派系，还有的是幕府、大名的专属工匠。

　　一般日本刀的刀柄与刀刃的比例是 1：4，刀柄双手持握，劈杀有力，其弯曲程度控制在"物打"（又称"物内"），即锋尖下 16.7 毫米处，砍劈时此处力量最大，十分符合力学原理。刀背称"栋"或"脊"，用以抵挡攻击。

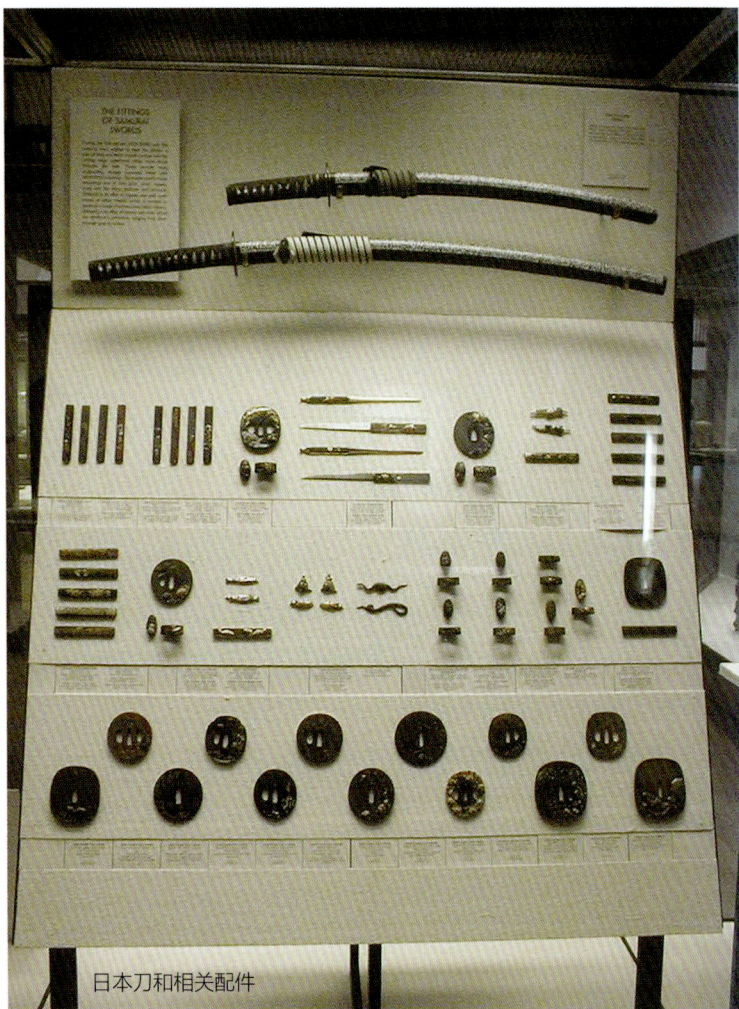

日本刀和相关配件

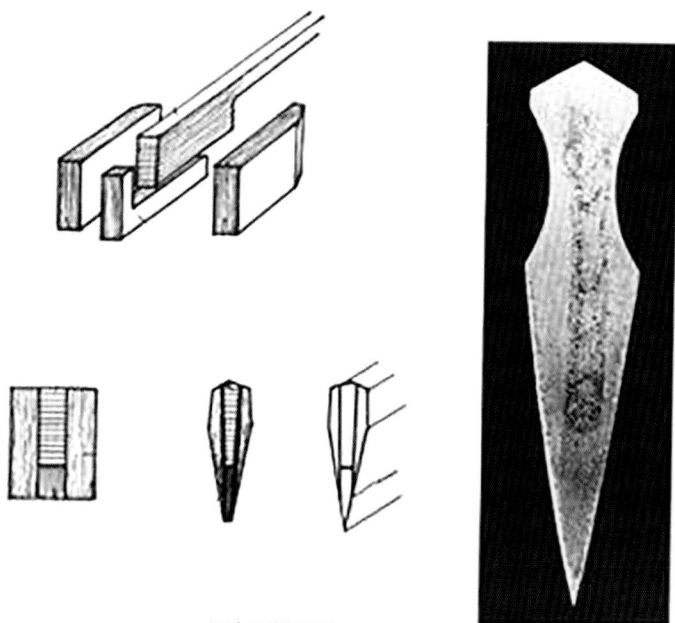

日本刀断面图

NO.77　反手持匕首有什么好处?

　　短刀格斗和古典长刀长剑有很大的区别。因为刀刃短小,双方站的距离就会很近,这代表着反应时间的减少,根本没法互相保持安全距离,只能打贴身近战。只要一个误判或者一个攻击失误,对手就可以趁势反击置你于死地,所以根本没法做到完美防守,只能兵行险招,招招跟人搏命。因此,通常短刀格斗整个格斗过程非常短,大都是在数秒钟就可分出胜负。

　　短刀格斗先要学会正确握刀,在警察和部队中,匕首军刺的握法通常是手握拳持刀,刀尖从拳底伸出,这种握法在警察与军队中被称为正手握法。国外称为"破冰锥式握法"。

　　这种握法虽被很多军迷、爱好者推崇,说可以格挡反击,招数灵活,能划咽喉划手腕，还能防夺刀等。但这种握法在实战中很少能看到，即便有也是为了把刀刃藏在小臂后面不让人发现自己有刀，然后在需要攻击的时候调转刀柄，变为刀尖朝上的握法然后进行攻击。

这种握法在警察和部队中通常称为反握，国外称为"打击式握法"。军警通常认为反握攻击角度单一，容易被打掉或者躲闪，在电影里还常常被主角反夺刀。但现实中，这种握法却是最常见的握法。在街头短刀格斗中，几乎没有人使用警察与部队中所用的正握，其理由是便于格挡与反击。

实战中一般是用非持刀手小臂去挡住对方手腕或小臂使对方无法进行捅刺。一般没有经验的人会试图抓对方手腕，但实际上这比较难做到，对方如果稍微有点经验，就不会让你轻易抓住手腕。如果自身力量不大也容易让对方挣脱，回手给你一刀。但是用小臂去挡住对方手腕或小臂就相对容易做到了，如果有可能，可以在两臂相交后顺手去抓对方手腕，但一般情况下只要挡住对方攻击就可以立刻进行反击。

手持匕首的士兵

打击式握法

破冰锥式握法

士兵手持战术匕首

👉 NO.78　圆头匕首是如何穿过铠甲缝隙的？

　　圆头匕首是一种用途多样的兵器，它因护手和柄底部位都呈圆形或者近似圆形而得名，总体上给人一种比较古朴的感觉。

　　圆头匕首出现于欧洲中世纪晚期，它的刃部十分坚硬，主要供游走的商人和骑士们使用，是一种出身高贵的兵器，既可以用来杀敌防身，还可以在野外当作凿子等工具使用，在当时的比武场上也常见它的身影。

　　该匕首的刃部长而纤细，可以达到30厘米以上，由钢制成，因此十分坚硬，刃的两侧也打磨得十分尖锐，整体长度一般在50厘米以上，处于单手剑和匕首之间。由于刃部锋利，圆头匕首有很好的切割效果，但其主要的攻击方式还是刺击。正因如此，它非常适合对付身穿锁链甲和皮甲的敌人，不过遇到身着板甲或重铠的敌人时会显得乏力。但总体上讲，无论在战场还是平时都是很致命的武器。

　　匕首这类武器在最初只是被农民作为切割工具使用，但是后来却成为骑士的标配武器。因为锻造精良的匕首虽然短小，但是也可以轻松刺穿铠甲的薄弱部位，如关节处以及头盔的缝隙，这样一来一把匕首就可以迫使一个落马倒地或者受伤的骑士缴枪投降。相比链枷、鹤嘴锄等擅长破甲的副武器，匕首更加轻便也更容易隐藏，关键时刻能发挥意想不到的奇效。而且圆头匕

首相比一般的匕首，尺寸更长也更坚硬，圆形的护手与柄鞍也使其不容易脱手，这是让战场厮杀的骑士们无法拒绝的关键优势。

圆头匕首

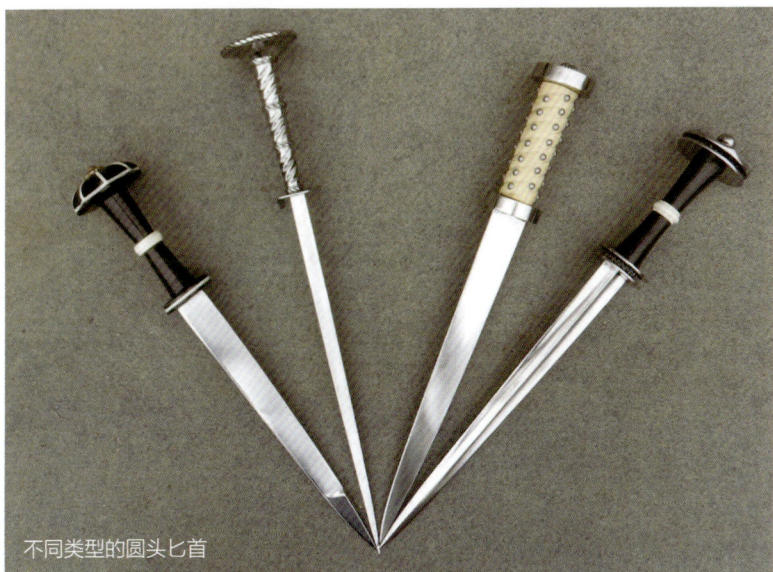

不同类型的圆头匕首

保存在博物馆中的中世纪时期的圆头匕首

欧洲古代使用的盔甲

NO.79　让"英格兰长弓"一举成名的是哪次战役?

　　200 年中，长弓在欧洲的地位无可替代。它使来自偏僻海岛、经常处于数量劣势的英军成了中世纪晚期欧洲一支令人生畏的力量。

　　英格兰长弓源自威尔士，威尔士王国的历史比英格兰更加古老。自罗马帝国时代开始，威尔士人先后抵抗过盎格鲁撒克逊人、维京人以及最后的英格兰人的入侵。威尔士长弓由维京人长弓延续而来，并于中世纪时期成为威尔士民兵的主要武器之一。由于长弓的廉价，威尔士的牧羊人甚至可以将掌握长弓的射击技术作为自己的一门副业。

　　威尔士人还是将这种形制简单的长弓半专业化，形成一种比寻常弓弩更有威力的武装体系。此时的威尔士长弓还未像后来的英格兰长弓一般闻名于世，但威力不容小觑。据相关记载，在 1182 年的威尔士门户，阿伯盖文尼城围攻战中，便有威尔士人发射的流矢穿透了约 10 厘米厚的橡木门板的记录。

　　威尔士人与英格兰人之间的关系复杂而多变，战争时有发生。然而在 1194 年卢埃林成为领主后，这位强而有力的领袖很快就开始着手拓展他在北威尔士的势力。接下来，卢埃林证明了他是一位精明且富有经验的领导者。1211 年，约翰王在内忧外患下对于威尔士的进攻被卢埃林率领威尔士民兵轻易击退。在约翰王死后，卢埃林在取得后继者亨利三世的允许后，成功地将威尔士境内的全部王国撤销，建立威尔士公国并由卢埃林亲王本人统治。北威尔士在卢埃林时期，有效地抵抗了英格兰的进攻，扩大了统治的领土，而且以格威内斯为中心建立了强大的统治机构。

古代西方使用英格兰长弓作战

15世纪晚期西方骑兵使用长弓作战的油画

然而，虽然卢埃林采取袭击和伏击战术屡次击败约翰王与亨利三世的侵略军，但在爱德华一世加冕为英王后，还是遇到了难以对付的对手。在1276年，爱德华国王开始征召英军，准备对威尔士发动进攻。这支军队只包含少量的骑兵，主要由弓箭手、轻步兵以及民夫组成。爱德华一世摒弃了前代英王选择的大规模、企图速战速决的战略。他计划在占领地实施持久战略。他依靠雇佣方式召集了能够适应威尔士的森林、多山荒野地形，并能够持续与威尔士人作战的军队，避免了后勤保障问题。

爱德华首先攻克了卢埃林治下的一些靠近边境、疏于防备的城镇。随后，爱德华切断了通往卢埃林领地的供给，并于接下来的冬季继续实行掠夺和追击战略。事实证明，他发动的冬季战役是相当有效的。爱德华国王在被占领的领土上修缮并新建城堡与要塞，以阻止威尔士人对所占领地区发动袭击或重新夺回所占领地区。这一持久战略，不仅横跨了1277年的整个冬季，而且持续到了英格兰对威尔士的征服过程结束。

随后，英王爱德华得到了意外的好消息——卢埃林在军阵中，被一名没有认出他就是卢埃林的英格兰士兵刺伤身亡。卢埃林的意外战死无疑减少了英格兰人在征服过程中遇到的困难，推进了英格兰征服威尔士的进程。爱德华推行的土地开垦加速了英格兰制度以及语言在威尔士的逐渐传播。在接下来的数年中，尽管占领区的威尔士人也有过反抗，但都被迅速而有效地平定，保持了威尔士政局稳定。在爱德华的后期征服战役中，一部分威尔士人成为英军主力，这也让威尔士加快了成为英化的、英王领地的组成部分的步伐。

对威尔士人不断进行政治渗透是爱德华一世政治征服的重要内容。1284年，爱德华征服威尔士全境，并颁布"威尔士法"。他接受威尔士人的要求，同意由一位在威尔士出生、不会讲英语、生下来第一句话说威尔士语的亲王来管理威尔士人。此后，他将他即将分娩的王后接到威尔士，生下的王子便成为第一位威尔士亲王，即后来的爱德华二世，此称号也作为王位继承人称号沿用至今。自此，英格兰成功地将威尔士纳入统治。同样的，英格兰人也让威尔士的长弓手加入他们的军队，也更加强化了在英格兰推广普及长弓的举措。

在平定威尔士后，英王很快将目光移到北方的苏格兰，苏格兰成为英军前线。苏格兰与威尔士相似，是一个经济不发达的山区国家。这让苏格兰人也像威尔士人一样，注重较为廉价且更适宜山区作战的重步兵。苏格兰军队中也有少量的重骑兵和弓手，苏格兰重骑兵战力与英格兰重骑兵相当，但显然苏格兰弓手远逊于威尔士和英格兰的长弓手。

使用英格兰长弓射出的箭

传统英格兰长弓

NO.80 防弹衣能否抵挡住匕首等冷兵器的穿刺？

　　防弹衣是指"能吸收和耗散弹头、破片动能，阻止穿透，有效保护人体受防护部位的一种服装"。从使用看，防弹衣可分警用型和军用型两种。从材料看，防弹衣可分为软体、硬体和软硬复合体三种。软体防弹衣的材料主要以高性能纺织纤维的复合材料为主，这些高性能纤维远高于一般材料的能量吸收能力，赋予防弹衣防弹功能，并且由于这种防弹衣一般采用纺织品的结构，因而又具有相当的柔软性，被称为软体防弹衣。硬体防弹衣则是以特种钢板、超强铝合金等金属材料或者氧化铝、碳化硅等硬质非金属材料为主体防弹材料，由此制成的防弹衣一般不具备柔软性，以插板形式为主。软硬复合式防弹衣的柔软性介于上述两种类型之间，它以软质材料为内衬，以硬质材料作为面板和增强材料，是一种复合型防弹衣。

作为一种防护用品，防弹衣首先应具备的核心性能是防弹性能，它的防弹性能主要体现在以下 2 个方面。

- 防弹片

各种爆炸物如炸弹、地雷、炮弹和手榴弹等爆炸产生的高速破片是战场上的主要威胁之一。据调查，一个战场中的士兵所面临的威胁大小顺序是：弹片、枪弹、爆炸冲击波和热。所以要十分强调防弹片的功能。

- 防非贯穿性损伤

子弹在击中目标后会产生极大的冲击力，这种冲击力作用于人体所产生的伤害常常是致命的。这种伤害不呈现出贯穿性，但会造成内伤，重者危及生命。所以防止非贯穿性损伤也是体现和检验防弹衣防弹性能的一个重要方面。

尽管防弹衣的防弹性能十分优异，但是却并不能很好地抵挡住冷兵器的穿刺。其原因在于刀具所产生的是剪应力，力的方向垂直于纤维材料，刀尖的能量密度远高于弹头，对于垂直方向的剪应力的抵抗是最差的，甚至没什么效果。目前，市场上还没有一款软体防弹衣能够通过穿刺性能测试。要想防穿刺效果达到防刺服的标准规定，则只能选择硬体防弹衣和专门的防刺服。虽然硬体防弹衣具备一定的防刺能力，但由于其材料主要由金属组成，因此会有笨重、使用不方便的弊端存在。

形似短剑的匕首

20 世纪常见的匕首类型

正在穿防弹背心的美国士兵

防弹背心各组成模块

NO.81　冷兵器对决中如何对抗比自己长的武器？

　　每种武器都有它的长处，但也都有不足。而兵器的使用和选择，要根据使用条件、地形、自身条件等等因素去决定。通常来说，长兵器适合大规模集团使用，因为长度比较长，在大规模厮杀中比较有利，而军人作为集体中的一分子都受过严格训练，作战时主要发挥集体协作的力量，技巧性反而不是最关键的。

　　虽然长兵器有攻击范围广的优势，但缺点也很明显，那就是不灵活。而且常见的长兵器，如戈、矛、戟等还有一个问题，那就是对于贴近了的对手没有什么攻击的办法。在军阵中，这些缺点都可以靠阵型来弥补，但一对一的时候，没人在旁边帮忙，这些缺点就会被放大。

　　如果是开阔场地，军队集团对决，那么兵器短的一方往往采取相互配合与其他兵器如弓箭，弩等配合使用。对单兵格斗能力要求比较高，可以配备盾牌提供近身防护，以近战、夜战最为有利。如果是两个人或几个人对决，持短兵器的人可以寻找空间狭小，不利对方施展的地方对决，这时候，技巧性的技击就比较有作用，短兵器比较灵活，在实战中需要使用者身体灵活，而不是使用蛮力。

所以，短兵器和长兵器一对一的时候，最好的办法就是想尽办法贴身。这就要求使用短兵器的人首先得灵活，能够躲开长兵器在远距离上的攻击，尤其是对于长兵器的使用规律和特色要有准备和判断，才能及时躲开；其次就是要善于格挡。毕竟在前进的过程中，谁也无法保证自己次次都能躲开长兵器的攻击，所以，如果有一个盾牌当然是最好，即使没有盾牌，也一定要善于用自己手中的短兵器来格挡长兵器的攻击。实战中，常见的一种打法就是从地面走，用地躺刀之类的路数，靠近长兵器。

瑞士长剑

现代仿制的欧洲长兵器

陈列在博物馆中的长矛

游行中的德国长枪兵

NO.82　白刃战中，使用刺刀拼杀有什么优势？

白刃战是指不用火器远距离对射，在近距离发生的以格斗为主要形式的作战，样式上有徒手肉搏、拼刺刀、使用匕首、大刀、工兵铲对砍等，是极为残酷的战斗。

一场高强度的战争对于武器弹药的耗费是异常恐怖的，因此当战争进行到一定程度时，交战双方都会面临弹药告罄的局面，所以拼刺刀实际上是最无奈的选择，不论是在亚洲战场还是在欧洲战场上，拼刺刀随处可见。

白刃战就是交战双方军队已经近距离接触厮杀，随意开火没有击中敌人就很容易误伤周围战友，并且就算你击中了敌人，但是基于子弹庞大的动能可以轻而易举的贯穿没有骨骼覆盖的人体脆弱部位造成二次杀伤，如此一来误伤是在所难免的。另外一个小原因就是战场礼仪，若是对方选择白刃作战，那么对方军队为了士气和尊严在一定程度上也会选择短兵相接。

在短兵相接的情况下，敌人不会给你拉开距离瞄准的机会，再加上一战和二战早期步兵手中枪械都是击发式步枪，打一枪就需要几秒装填，而在争分夺秒的白刃战中不可能拥有这么奢侈的时间。

在小于 1 米的近距离战斗中，刀的攻击速度要比枪械快上很多，往往是扣动扳机的时候对方的刺刀已经刺中了你的要害部位。

然而使用刺刀拼杀并不是简单的技法训练，它糅合对战时地理环境等诸多的考虑，在技术上不光重视刺刀和枪托的杀伤力，还注重腿法的使用。在战术上不但使用了"快""稳""狠"还注重"骗""闪""防""诈"，在战略上更是强调利用周边环境避实就虚最大限度地提高生存能力。可以说，

OKC-3S 刺刀及刀鞘

这简单的拼杀法在训练中使人不自觉地就提高了一种精神威慑力和一种无畏的气概。通过这样的训练即使手中无刀也可杀人。

法国士兵手持备有 FAMAS 刺刀的 FAMAS 突击步枪

美国士兵用步枪上的刺刀进行穿刺训练

配备在 AKM 突击步枪上的 AKM 刺刀

NO.83　日本士兵拼刺刀时还要退子弹是什么原因?

　　二战时期，日军在白刃战前先把子弹退掉然后拼刺刀，是一个怪异而引人注目的战术。其实这是其步兵条令的规定，在热兵器时代，这个规定看起来不仅迂腐而且令人困惑。它绝不是虚有其表，而是日本军队根据实战检验作出的结论，这和日军的兵器、作战特点是相吻合的。

　　日军在白刃战前退出子弹，是指双方开始班以上规模近距离格斗的时候，而不是只要一准备肉搏，冲锋的时候就退掉子弹，那纯粹是自杀行为。

　　在太平洋战争中，无论是塞班还是冲绳，日军步兵冲击的时候，都是一边射击一边前进，并且把轻机枪手放在一线，以增强压制火力。

　　二战中，步兵冲击的散兵线即便以所谓"密集队形"发动攻击，其队形也远比冷兵器时代松散，士兵前后重叠的概率不高。真正采用那种传统意义的密集队形，冲击的效果往往并不如人意。

　　根据日本军队的统计，在白刃战开始以后，保留步枪子弹造成的损失比收获更大。明令白刃战开始后子弹退膛，正是依据这个判断。究其原因，主要有以下 2 个。

　　· 　日军使用的步兵轻武器性能限制

　　日军的制式轻武器，最典型的就是三八式步枪，这种步枪具有弹丸速度高、瞄准基线长、枪身长等特点，这样的特点导致步枪不仅射程远，且准确度高，也适合白刃战。但是这种武器却因为弹丸速度高、质量好，因此命中之后往往易于贯通，创口光滑，对周边组织破坏不大。这个缺点在白刃战中更为突出。因为白刃战中双方人员往往互相重叠，使用三八式步枪，贯通后

日本士兵手持带刺刀的步枪

经常误伤自己人。而且，由于贯通后弹丸速度降低，二次中弹后弹丸会形成翻滚、变形，造成的创伤更为严重，而仅受贯通伤的对手未必当场失去战斗力，仍然能够反击。

- 日军对白刃战的战术认识

白刃战中，日军标准的刺杀准备姿势为一手握前护木，一手握枪托前段弯曲部，枪托稍下垂在支撑腿侧面，半斜向面对对手，刺刀尖略与眉平。这样，枪从斜上方到斜下方，正好护住颈、胸、腹要害，而刺刀一甩就可以突刺。但是这样的姿势格斗起来，射击的机会很难比突刺的机会更多。而如果做射击准备，手指必须放在扳机上，这就造成了两个严重问题：一、只要双方武器相交磕碰，就会走火；二、手指不能全力握枪，影响了持枪姿态，拼杀中使不上全力。另外，三八式步枪太长，转动枪口瞄准对方的力矩也长，如果对方不是出现在正前方，转动枪口的时间太长，可能枪口还未到位，自己已经被刺伤，这时候，使用枪托进行打击无疑是更为方便的作战方法。可见，日军白刃战中能够有效射击的机会很少，保留枪膛中的子弹，取得战果的机会微乎其微，反而影响了肉搏动作的质量。

因此，这两点才是日军在白刃战前枪弹退膛的真正原因。

AKM 突击步枪刺刀

配备在 AKM 突击步枪上的 AKM 刺刀

FAMAS 突击步枪配备 FAMAS 刺刀

NO.84　在早期战场上，使用刺刀有什么好处?

　　战争从冷兵器时代进入热兵器时代，用的时间很长，早期的火枪发射速度慢，同时子弹的命中率不高，19 世纪时各国的军队都采取排队枪毙的阵型就是这种原因，圆形的弹丸在 100 米以外基本上就不知道飞到哪里去了，而且在 100 米的距离内，也不是"指哪打哪"，多数情况是"打哪指哪"，这种情况下，刺刀就成了主要的战斗武器。

　　大约在 1640 年，刺刀作为前装滑膛枪的配装武器，创制于法国东南部的巴荣讷城，法文刺刀（Baionnette）一词就是由该城的名称 Bayonne 演变而来，并一直沿用到今。

　　刺刀主要装配于步枪上，它使用的鼎盛时期是在二战以前，当时单发步枪是各国步兵的主要武器，火力较弱，刺刀作为一种重要的战术突击的格斗武器极受重视。

　　作为最早大量换装刺刀的军队，英国陆军本身就一直维持着相当的战斗

AKM 刺刀与 AK-47 突击步枪所使用的弹匣

力，英军士兵的训练标准与严格度可以说是冠绝欧洲，也保障了英军的刺刀拼杀能力。无论是面对拿破仑时代的法军，克里米亚战争中的俄军，还是一战中的德军。英国人都以训练有素的刺刀搏杀和严整的阵型让敌人叫苦不迭。曾经说出："刺刀是好汉，子弹是笨蛋。"的俄罗斯名将苏沃洛夫曾率军与同样装备刺刀的土耳其军队激烈地肉搏拼杀，将土耳其军队杀得晕头转向，双方的战损率达到了惊人的 1：30。

到了二战，随着坦克、火炮等重型武器的广泛使用，步枪本身的作用和地位明显下降，使用刺刀的机会就更少了。战后，刺刀的发展进入了低潮，一些人甚至主张干脆取消刺刀。70 年代，美国陆军甚至取消了刺刀训练科目。

20 世纪 80 年代以后，刺刀重新受到各国军队的重视，英、美等国研制并装备了新式刺刀。新式刺刀在保留拼刺功能的同时，突出了多功能，除了能刺、切、割、锯外，还增加了剪铁丝、开罐头、起螺丝钉等功能。与此同时，供空军、海军、特种兵等诸兵种使用的多功能匕首（救生刀）也得到了发展。

澳大利亚士兵使用带有 M7 刺刀的 AUG 突击步枪

装备带有刺刀的步枪爱尔兰仪仗队

美国 M4 刺刀

NO.85　在现代战场上如何运用刺刀冲锋？

　　刺刀又称枪刺，日本人称为铳剑，是装于单兵长管枪械（如步枪、冲锋枪）前端的刺杀冷兵器，用于白刃格斗，也可作为战斗作业的辅助工具，它在近战、夜战中有一定作用。随着大环境的变化，热兵器取代冷兵器，它更多担当一种充当匕首用的角色。

　　刺刀冲锋是在小单位狭窄正面上用大量人员以一定速度进行突破以打破地方战线的战术。第一要有一定的人员达到一定密度，第二要能压制对方。

　　在战场上弹药多得话一般不会用到刺刀战术，尤其是现代战争条件下都是很少发生白刃刺刀战，这种无畏的战斗精神，一般是一支部队是否有战斗

19 世纪西方士兵采用刺刀冲锋

力的直接体现。所以虽然现在不经常或很少进行刺刀格斗，但多数国家军队都没有放弃刺杀训练，一方面可以锻炼部队的血性，另一方面也能让士兵掌握最后的杀敌手段。

战斗中用刺刀解决对方，这种面对面的刀刀见血的巨大心理压力，不是长期经过训练的正规士兵，一般人很可能会当场心理崩溃。

在进行刺杀作战前，如果有条件的话，尽量形成人数的数量优势，同时指挥员要有果断的指挥风格，不怕伤亡，同时还能在刺杀冲锋中指挥部队保持最佳队形，防止人数优势因队形散乱而失去。对于下达刺杀令的时机也要把握好，以便最大限度地保证刺杀的突然性，用最短的时间打破敌人的心理防线，这样才能获得最大的战果。但是最终刺杀作战，应该是作战手段中最后的撒手锏，在弹药充足的条件下，尽量不要使用。

士兵使用配备 M9 刺刀的 M4 卡宾枪进行射击演习

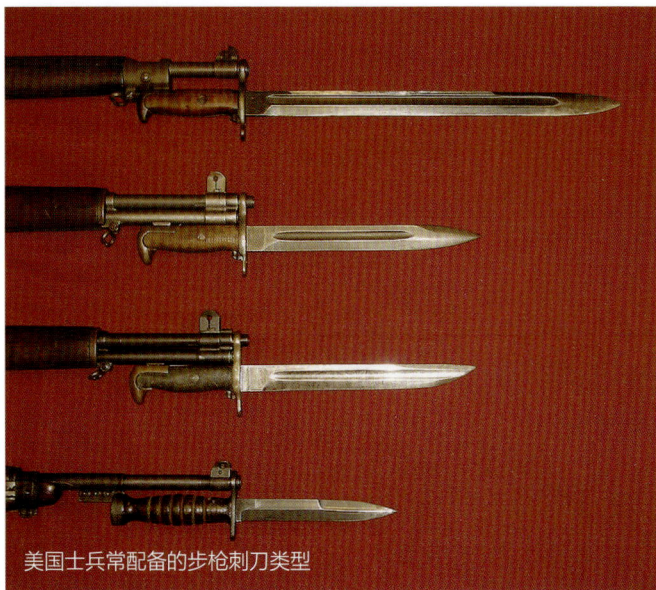

美国士兵常配备的步枪刺刀类型

士兵进行日常拼刺训练

NO.86　德军在一战时配备的"屠夫"刺刀有什么特点？

　　在一战时期德国军队装备了一款被称为"屠夫"的刺刀，其背齿银刃的造型让人不寒而栗，虽然造型恐怖却并不是用来拼刺所用，而是给军官所佩戴，因为锯齿刀在德国是一种权利的象征，其实质性更偏向于是一种"仪仗"武器。在热兵器刚出现的时候，也就是火绳枪和燧发枪的那个时代，因为当时的火枪无论是射击精度、威力、射程、射速等都非常差，所以要想在战斗中真正地消灭敌人，取得真正的胜利，还是要靠肉搏战和白刃战，刺刀这种划时代的武器也就应运而生，上了刺刀的火枪手，摇身一变就成了长矛手，可以进行刺刀冲锋击垮敌人。

　　早期的刺刀结构简单，外形以剑型居多，功能也非常单一。"屠夫"刺刀诞生于一战时期，是德军所装备的一款刺刀，该型刺刀有两种款式，一种

"屠夫"刺刀及刀鞘

不带背部锯齿的普通版，一种则是带有锯齿的版本，带有锯齿的版本被称为"屠夫"刺刀。当时的英法等国为了渲染德军的凶残，进行了各种添油加醋的渲染，这种刺刀也就成了德军邪恶的代名词。致使当时的法国军队高呼着"要用这种刺刀来对付所有的德军战俘"，而在这种压力下，前线的德军不得不将手中的"屠夫"刺刀背上的锯齿全部磨平或者换用普通刺刀。

随着一战的结束，这款刺刀并没有退出德军序列，在后来德军重整军备后，"屠夫"刺刀再次出山，并将其大量装备其后勤部队。

"屠夫"刺刀刀柄特写

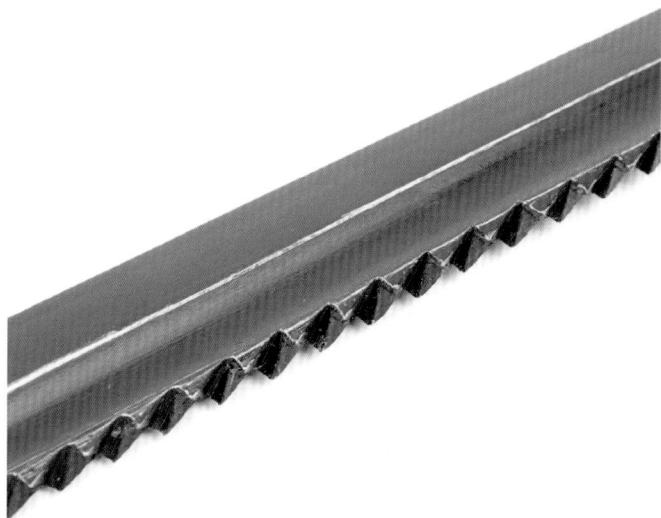

"屠夫"刺刀的"锯齿"特写

"屠夫"刺刀刀身特写

NO.87　冷兵器时代骑兵最常用的单兵武器是什么？

　　长矛是古代世界上各国军队中大量装备和使用时间最长的冷兵器之一，是一种用于直刺和扎挑的长柄格斗冷兵器。直至现在，在世界偏僻蛮荒之地的土著们还在使用长矛狩猎、战斗，长矛由矛头和矛柄两个部件组成，矛头多以金属制作，矛柄多采用硬木、竹竿、硬藤等，也有用金属杆制作而成的。

　　在中国古代，东汉以前因各地方对长矛的称呼不同，又称为"稍"（后世又俗称为"枪""铊"等），矛柄称为"矜"。古代骑兵用的长矛又称为"槊"。

　　长矛的历史非常久远，其最原始的形态就是旧石器时代人类用来狩猎的前端削尖的木棍。后来人们逐渐懂得用石头、兽骨制作出更好的矛头，缚在长木棍的前端，增强杀伤效能。

　　自从世界历史进入文明时代后，人类逐渐掌握了冶铜技术，开始制作铜质的矛头。至少在公元前 3000 年，在古埃及和两河流域的古代文明中已出现了铜矛，两河流域苏美尔人建立的乌尔第一王朝（约前 28 ～前 27 世纪）的王陵中，埋有殉葬的军人中，他们装备有铜制的冷兵器装具，包括甲胄、斧、匕首和矛。从公元前 25 世纪的石碑上，可以看到装备有胄和盾牌的步兵手持长矛列队前进的图像。到公元前 2000 年前后，古埃及的步兵也以盾牌和长矛作为主要兵器。在古代希腊的军队中，长矛是主要兵器之一，虽然他们更多地倾向于使用投枪。

现代模仿的西班牙方阵

欧洲重骑兵使用长矛对抗敌人

　　在步兵方阵中，前面两三排的战士常将长矛对着敌人，后面各排把长矛架在前一排士兵肩上，形成一道抵御敌人的屏障。当时的长矛一般总长约为1.8~2.7米。这种使用长矛的方阵到公元前5世纪时被马其顿人发展到最高峰，著名的马其顿长矛，一般长4米，有的甚至长达4.5～5.5米。前排战士的长矛较短，后排的长矛最长，战士持长矛向前时可使矛尖齐平，全方阵战士同时向前冲，形成一堵长矛如林的墙壁，令敌人无法抵御。

　　在欧洲，长矛一直是中世纪骑士的主要格斗长兵器之一。为了彻底刺透敌人的铠甲，他们使用一种单手握持的长而尖锋锐利的长矛，凭借战马向前奔驰的冲力，成为具有较强穿透力的长柄兵器。除战场格斗外，也用于比武。公元14世纪以后，随着欧洲步兵的复兴，瑞士军队开始使用长近6米的步兵用矛，其前部约1米外以铁制作，以防止敌人用刀斧砍断。瑞士步兵方阵前布列4～6排长矛兵，密集的长矛之林是敌方骑兵难以逾越的屏障。

　　古代欧洲使用的矛主要有短锤矛、菱形矛、长矛和短矛 4 种。短锤矛外形独特，是在短杆的一端装有金属叶片（盾片）制成的小头。16 ～ 17 世纪使用的短锤矛长约近半米，带有直径 14 厘米的铁头，铁头上还装有 14 个叶片。哥萨克人更是将短锤矛作为首领权力的标志，而且这一习俗甚至一直沿用到俄国国内战争期间。

　　经过无数次战争的考验，长矛日渐成为当时冷兵器舞台上的主角，一时间称霸陆地战场。直到火器出现以后，长矛才悄然退出了战争的历史舞台。

欧洲重骑兵的作战装备

西方国家骑兵使用的长柄刀具

NO.88　军用匕首在战场上能发挥什么作用？

军用匕首，就是为军人专门制造的特殊匕首，用于近战搏斗和近战突袭。一般情况下持用匕首的方式是：左手握匕首，小臂平行于胸前，刀把向内刀身向外；右手持手枪，垂直前胸准备射击。

军用匕首的主要目的当然是用于近距离搏击，以杀伤敌方人员。因此一般是非折叠的，以增强其坚固性；手柄部分通过镶木增加凸凹以防止脱落；在刀体部分作出血槽，以便顺利拔出。此外，军用匕首亦是军人行军和越野的有效工具，可用其披荆斩棘，开辟道路；亦可用其刀背的锯齿锯断树木，搭设帐篷；还可用其宰杀野味、掘取茎果。因此，即使在现代战争中，军用匕首仍是军人不可缺少的武器。

匕首也是野外生存的重要工具。美国特种部队在丛林地生存训练中，要求受训官兵只带军用匕首和指北针，或者将其中一样换成一壶水，模拟敌后的条件下，只身按规定时间到达地图标定的地点。训练中，极少有人将匕首换水。外军生存教官强调"刀是紧急生存的无价之宝"。在身历险境时，要养成随时检查刀具的习惯。美军远程侦察的单兵装具要求放下背囊之后，身上必须保证有弹药、水、口粮、地图、指北针和军用匕首。因而敌后行动匕首不要挂在外腰带上，一旦战斗需要轻装，解下外腰带时，匕首也就不在身边了。

美军在二战中使用的军用匕首，刀柄有防滑槽，锋尖为双刃利于穿刺，一面刃的后半部为无锋的刀背，便于切削，形同美军 M4 刺刀。这种匕首当时也为反法西斯的盟国部队所使用，因而颇为著名。

越南战争时期，美军特种部队的军用匕首在单刃匕首的基础上，刀背加开了锯齿，更具生存功能。此非美军独创，1824 年式俄罗斯工兵短剑（刀）刃背即开锯齿。这种美军单刃匕首刃部像枪械一样经磷化处理，以免隐蔽行动中刀的反光暴露目标，同时适于热带丛林气候防锈；刀柄为皮革制带防滑槽，以避突击队海上渗透时，木质、骨质刀柄受海水侵蚀损坏；刀鞘牛皮制，带一细砂磨刀石。

战争时期，士兵需要掌握匕首杀敌的技能

二战时期，用嘴咬住匕首的士兵

现代军队常配备的军用匕首

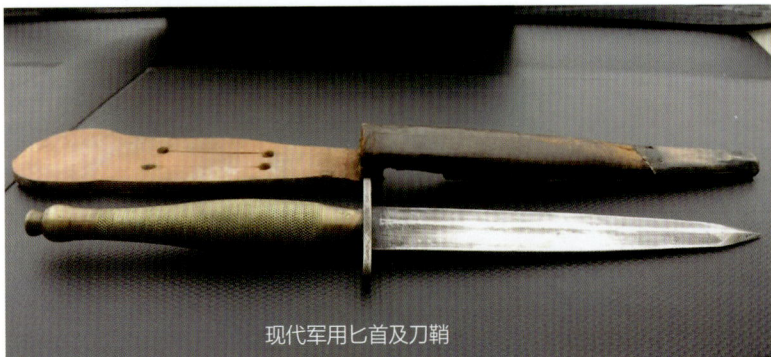

现代军用匕首及刀鞘

NO.89 士兵在战场上如何使用链锤？

链锤是一种十分轻巧且容易操作的冷兵器，可以缠绕拖拉对方的武器，利用惯性可以增大链锤的杀伤力，而且反应和移动速度快。在比较平整的地区比较适宜使用，并可配合弩进行攻击或防御。

链锤是在中世纪步兵盾及重甲被普及之后，比锐器更有效的杀伤性武器。在苏联入侵波兰时，守卫首都的民兵中还有人装备着祖传的链锤。进攻时，如果敌人立起盾牌防护，用手柄的前部由上至下去打击敌方盾的边缘，由于惯性铁锤会出其不意地快速挥击到敌人头部并且造成严重杀伤，前侧的钝器对任何护甲都有杀伤效果。这也就是为什么大部分欧美中世纪游戏里，链锤兵才能克制重甲部队的原因。

在东欧，剪径的强盗使用更简化的链锤，这种链锤省去了硬质的手柄直接握着链子的末端使用，携带隐藏更加方便。当然这种链锤的打击对象大多是手无寸铁的平民。在训练有素、全副武装的骑士面前，这种粗糙武器毫无优势。无柄链锤的锤头有时候很小，做成枣核状，而且链子也比较细。这种小巧的武器是东欧平民比较乐于携带的防身武器。在街头拳斗中可以把枣核形锤头握手里，细链子缠手上当做硬手使用，遇到野兽或者歹徒也可以当链锤抽击。在不用的时候，将其团成小小的一团放口袋里也一点不显眼。

而日本民间，这种链锤类武器也较为多见，从60厘米到3米的链锤，都非常容易隐藏在宽大的和服里。日本的链锤多是在链子两端安装100到

300 克的锤头，携带的时候挂在脖子上或缠在腰间。在 17 世纪至 18 世纪，这种武器在日本民间很多见，也有剑术学堂教授相关技巧。在现代的日本忍者学校里，链锤类武器的培训仍然比较普遍。日本链锤除了击打之外，用链子捆绑缠绕敌人的四肢和勒敌人的脖子也是主要功能。

古代链锤

链锤上的铁锤

老式链锤

NO.90　古代冷兵器——矛在战场上有哪些作用？

　　矛是古代军队中大量装备和使用时间最长的冷兵器之一。矛的历史久远，其最原始的形态是用来狩猎的前端修尖的木棒。后来人们逐渐懂得用石头、兽骨制成矛头，缚在长木柄前端，增强杀伤效能。在新石器时代遗址中，常发现用石头或动物骨角制造的矛头。奴隶社会的军队，已经使用青铜铸造的矛头。商朝时，铜矛已是重要的格斗兵器。从商朝到战国时期，一直沿用青铜铸造的矛头，只是在形制上，由商朝的阔叶铜矛发展成为战国时的窄叶铜矛。矛柄的制作也更为精细，出现了以木为芯，外圈以两层小竹片裹紧，涂漆，使柄坚韧而富有弹性。从战国晚期开始，较多使用钢铁矛头。直到汉代，钢铁制造的矛头才逐渐取代青铜矛头。随着钢铁冶锻技术的提高，矛头的形体开始加大并更加锐利。

　　矛的使用方法大多是用双手握柄，以直刺或戳为主。古代长矛战术中最出名的当数由古希腊亚历山大大帝改良的"马其顿方阵"。这个几近坚不可

摧的方阵使亚历山大指挥下的军队能够所向披靡，使其从欧洲出发征服了波斯、中亚和印度的部分地区；直到被罗马帝国军队挫败前该战术一直是古代希腊军队用以对付敌人的主要手段之一。

直至 17 世纪中期前，矛在西方世界的战斗中发挥着极大的作用，是步兵部队对付骑兵部队最主要的手段。西方步兵所用矛的长度通常为 3 ~ 4 米，最长的矛超过 6 米。相传中世纪时期第一个将长矛运用到战斗中的是比利时佛拉芒民兵部队或居住在低地地区的苏格兰人。

13 世纪末期至 14 世纪初，面对英法同盟军的侵略，由苏格兰军队创建的战斗方阵在仅有少量骑兵和弓箭手的苏格兰部队中发挥了重大作用。凭借这种战术，苏格兰人在 1302 年及 1314 年的两场重要战斗中取得了巨大胜利。后来由于火枪的发明及装备刺刀的步枪在西方军队中的普及，17 世纪中期长矛在新生武器的影响下正式退出军事舞台。

西方步兵使用长矛对付骑兵

青铜矛头

西班牙士兵使用的长矛

马其顿方阵使用的长矛

参考文献

[1] 军情视点. 冷兵器图鉴[M]. 北京：化学工业出版社，2016.

[2] 指文烽火工作室. 战场决胜者：冷兵器时代[M]. 北京：中国长安出版社，2017.

[3] 叶阳. 世界冷兵器探微[M]. 济南：山东美术出版社，2017.

[4] 瀚鼎文化工作室. 冷兵器知识[M]. 北京：中航出版传媒有限责任公司，2014.

[5] 查克·威尔斯. 世界冷兵器历史图鉴[M]. 北京：人民邮电出版社，2014.